2025
전기기능사
필기 파이널 특강

공학박사 김상훈 편저

 # 동영상 강좌안내

| 동영상 수강방법 |

❶ 사이트 접속

인터넷 표시줄에 [https://www.eleckim.co.kr]을 입력하여 홈페이지에 접속합니다.

※ 인터넷 검색창에 '일렉킴'을 검색해도 홈페이지에 접속할 수 있습니다.

❷ 회원가입 (로그인)

화면 우측 상단에 있는 ①「회원가입」을 클릭하여 가입 후 ②「로그인」합니다.

❸ 수강할 강좌 선택하여 수강신청

메인 메뉴의 「수강신청」을 클릭하여 전기기능사-필기 카테고리의 파이널 강좌를 선택합니다.

교재가 포함된 패키지로 구매하는 것이 편리합니다.

※ 교재는 시중 서점에서도 구매하실 수 있습니다.

❹ 상단 메뉴에서 「나의 강의실」을 클릭합니다.

현재 수강 중인 강좌가 표시됩니다. 강좌명 부분을 클릭하면 강의실에 입장할 수 있습니다.

❺ 기초 수학과 계산기 사용법 등 유튜브 공개 강의도 꼭 이용해 보세요(마지막 페이지 안내 참고).

❻ 누구나 1주일 합격에 도전할 수 있도록 강의시간이 배분되어 있습니다. 아래 플래너를 참고하세요

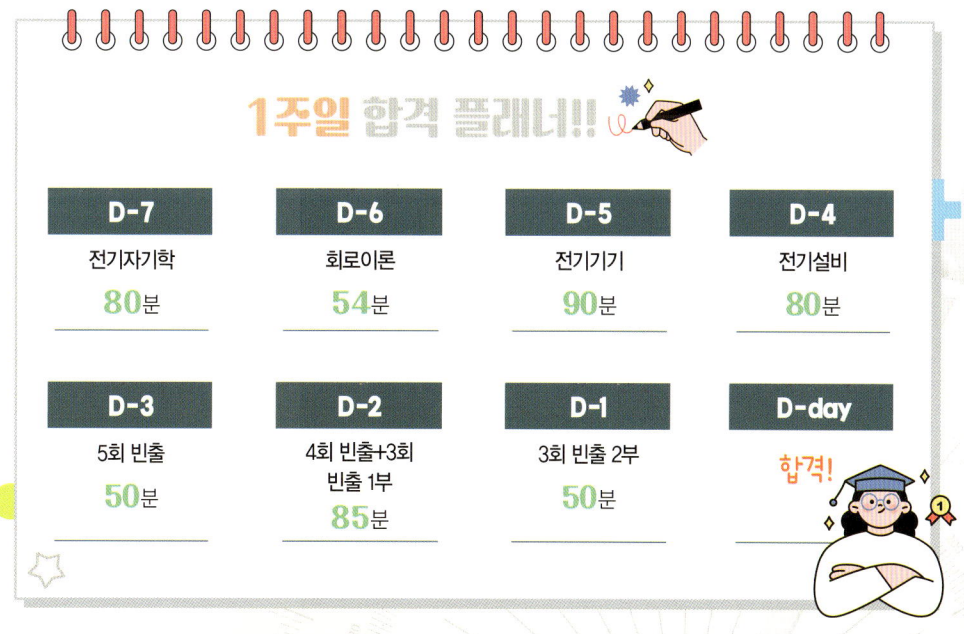

 도서관련 문의 및 정오표 문의는?

🌐 www.yoonjo.co.kr 📧 customer@yoonjo.co.kr

진로 및 전망

- 전기가 사용되는 모든 전기공사 시공업체에 취업
  - 발전소, 변전소, 감리회사, 조명공사업체, 변압기, 발전기, 전동기 수리업체 등 전기공사 시공업체에 취업 가능
- 한국전력공사를 비롯한 전기기기제조업체, 전기공사업체, 전기설계전문업체, 전기기기 설비업체, 전기안전관리대행업체 환경시설업체 건설현장, 전기공작물시설업체, 아파트 전기실, 빌딩 제어실 등에 취업 가능
  - 전기안전관리자나 전기시설관리자 등으로 활동
- 전기직 공무원으로 진출 가능
- 가정용 및 산업용 전기 생산업체, 부품제조업체, 일반 업체나 공장의 전기 부서 등으로도 취업 가능
  - 전기와 관련된 제반시설의 관리 및 검사 담당
- 제철소, 제련소, 금속기계제조업체 등으로 취업 가능
- 조선 · 자동차 · 항공 · 전기전자 · 방위산업체 등으로 취업 가능

전기기능사는 전기공사산업기사, 전기공사기사, 전기산업기사, 전기기사 자격증 취득의 첫 단계입니다. 설치된 전기시설을 유지 · 보수하는 인력과 전기제품을 제작하는 인력 수요는 계속될 전망이며, 새롭게 등장하는 신기술의 개발로 상위의 기술 수준 습득이 요구되는 직종입니다. 꾸준히 자기개발 하는 노력이 필요한 만큼 보람도 큰 직종입니다

 ### 시험 일정

※ 2024년 일정입니다. 2025년 시험일정은 Q-NET과 윤조북스 홈페이지를 참고해주세요.

구분	필기원서접수 (휴일제외)	필기시험	필기합격 (예정)자 발표	실기원서접수 (휴일제외)	실기시험	최종 합격자 발표일
제1회	1.2~1.5	1.21~1.24	1.31	2.5~2.8	3.16~4.2	4.9
제2회	3.12~3.15	3.31~4.4	4.17	4.23~26	6.1~16	6.26
제3회	5.28~5.31	6.16~6.20	6.26	7.16~7.19	8.17~9.3	9.11
제4회	8.20~8.23	9.8~9.12	9.25	9.30~10.4	11.9~11.24	12.4

CBT 응시 방법안내

전기기능사 필기 시험은 전국 시험장에서 CBT 방식으로 치뤄집니다. 산업인력공단에서 제공하는 "CBT 가상 체험 서비스"로 사전에 연습해보세요. 시험은 아래의 단계로 진행됩니다.

① 수험자 정보 확인

화면에 표시된 수험자 정보와 신분증이 일치하는지 확인하는 단계입니다.

② 안내사항 확인

시험 진행에 대한 안내사항을 확인하는 단계입니다.

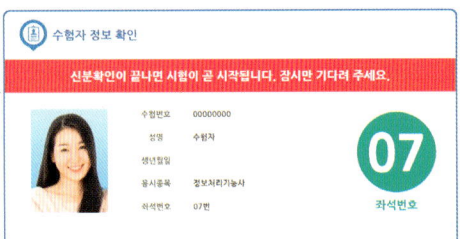

③ 유의사항 확인

부정행위로 의심받을 수 있는 사항에 대한 안내이므로 잘 확인합니다.

④ 문제풀이 메뉴 설명

문제풀이 메뉴의 여러 기능에 대해 설명합니다. 글자크기와 화면배치를 적절히 조절하면 보다 편하게 시험을 치를 수 있습니다.

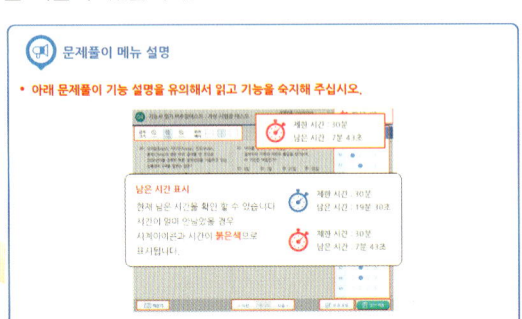

- 글자크기와 화면배치
- 전체 문제수와 안 푼 문제수
- 남은 시간 표시
- 답안 표기 영역, 계산기, 페이지 이동
- 안 푼 문제 보기
- 최종 답안 제출

❺ 문제풀이 연습

시험과 동일한 방식의 문제풀이 연습화면으로 앞 단계에서 본 기능을 연습해봅니다.

❻ 시험준비 완료

문제풀이 연습까지 모두 마치면 [시험 준비 완료] 버튼을 클릭한 후 대기합니다.

❼ 시험 화면

앞에서 연습한 대로 글자크기 및 화면 배치를 조절한 후 시험을 시작합니다.

※ 연습지는 요청한 사람에 한해 제공됩니다. 필요하면 감독관에게 요청하세요.
※ 시험 도중에 컴퓨터에 문제가 생겼다면 조용히 손을 들어 감독관에게 알려주세요.

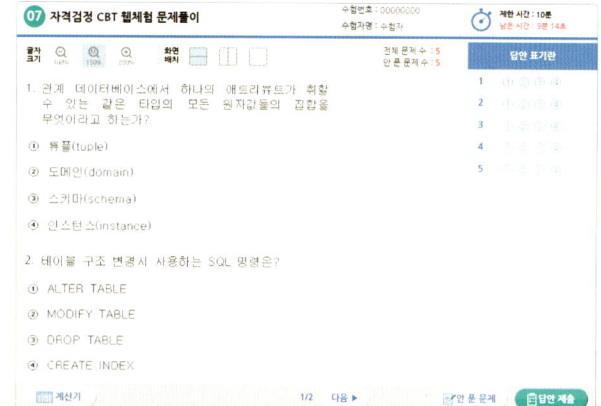

❽ 답안 제출

[답안 제출] 버튼을 클릭하면 정말 답안을 제출하는지 묻습니다. 실수로 누른 것이라면 [아니오]를 눌러 문제 풀이 화면으로 돌아가고, 문제풀이를 마치고 답안을 최종적으로 제출하려면 [예]를 눌러 시험을 마칩니다.

❾ 성적과 합격 여부 확인

자동적으로 채점된 성적과 합격여부가 보여집니다. 본인의 득점과 합격여부를 확인하세요.

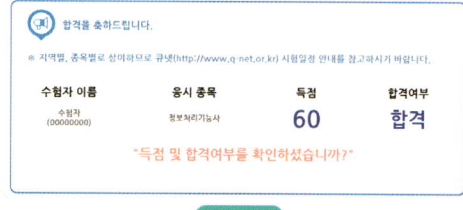

이 책의 학습 방법

이 책은 최적의 노력으로 전기기능사 필기에 합격하는 것을 목표로 합니다. 모든 내용을 이해하고 외우려 하지 말고, 시험에 꼭 나오는 내용만을 암기하여 합격할 수 있도록 구성하였습니다.

STEP 1 필수 이론을 외우고 해당 예제를 풀어보며 확인합니다.

8. 콘덴서에 저장되는 에너지

에너지 $W = \frac{1}{2}CV^2 = \frac{Q^2}{2C} = \frac{1}{2}QV[J]$ (C : 콘덴서의 용량, Q : 콘덴서에 충전된 전하량)

※ $Q = CV$임을 기억하면 어느 식 하나만 기억해도 된다.

핵심 예제
어떤 콘덴서에 전압 20[V]를 가할 때 전하 800[μC]이 축적이 되었다면 이때 축적되는 에너지는?
① 0.008[J] ② 0.16[J]
③ 0.8[J] ④ 160[J]

|해설| 정전에너지 $W = \frac{1}{2}VQ = \frac{1}{2}CV^2[J]$

$W = \frac{1}{2} \times 20 \times 800 \times 10^{-6} = 0.008[J]$

정답 ▶ ①

— 필수 이론
— 학습내용 확인용 핵심 예제

STEP 2 가장 자주 출제되는 문제부터 정리되어 있습니다. 앞에서부터 순차적으로 풀어보며 외운 내용을 복습합니다.

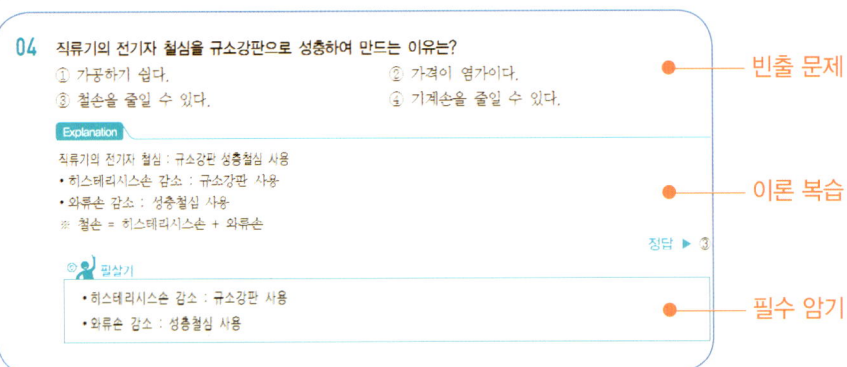

STEP 3 마지막 정리는 최근 8개년 기출문제집을 풀어보세요.

마지막 정리를 위한 시간적 여유가 있다면 최근 기출문제집을 반복적으로 풀어보며 학습했던 내용을 리마인드 하세요.

국내 유일 실시간 강의
유튜브 김상훈 TV

전기는 김상훈이 답이다

- 목표는 오직 좀 더 많은 수험생들의 합격!
- 국내 유일의 유튜브 실시간 Live 강의(유튜브 김상훈 TV 검색)
- 합격 설명회, 실기, 필기, 공무원 등 다양한 콘텐츠 무료 시청

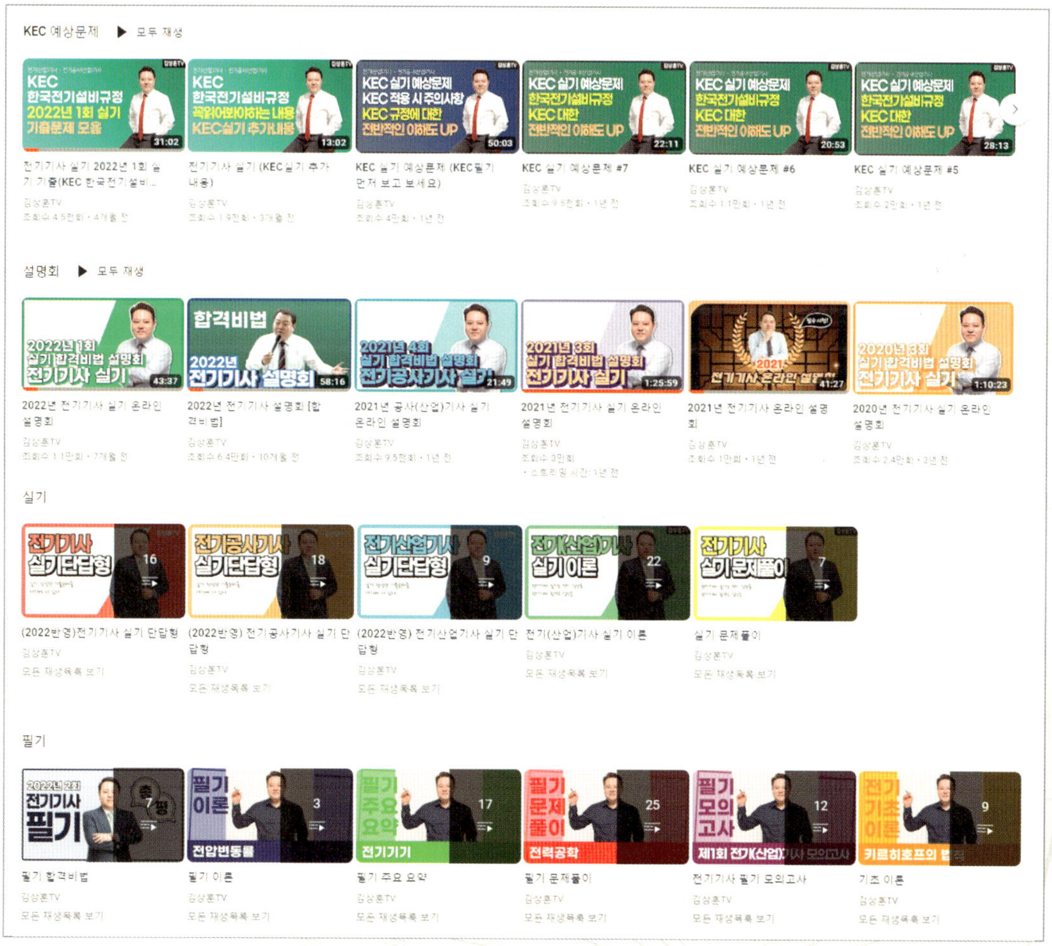

※ 자세한 강의 시간표는 다음 일렉킴 카페(https://cafe.daum.net/eleckimedu) 〉 유튜브 방송 시간표 참고

CBT 모의고사 응시 안내

❶ 쿠폰 번호 확인

책의 앞표지 안쪽에 있는 비닐 포장된 쿠폰을 뜯어서 포장을 제거한 후 쿠폰 뒷면에 있는 번호 16자리를 확인합니다.

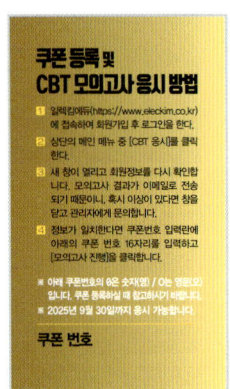

❷ (회원가입 후)로그인

회원가입을 했다면 화면 우측 상단에 있는 「로그인」을 클릭합니다. 로그인이 되어 있지 않으면 응시할 수 없습니다.

❸ CBT 응시 메뉴 접속

메인 메뉴의 「CBT 응시」를 클릭합니다.

❹ 쿠폰 번호 등록

모의고사 결과가 이메일로 전송됩니다. 정확한지 확인한 후, 쿠폰에 있는 번호를 입력하고 「모의고사 진행」을 클릭합니다.
쿠폰 번호가 정상이라면 시험이 진행됩니다.
시험진행화면은 실제 CBT와 거의 유사하므로, CBT 응시가 처음이라면 미리 앞쪽의 「CBT 응시방법 안내」의 내용을 읽어 보시고 응시하세요.

　※ 쿠폰번호의 0은 숫자(영) / O는 영문(오) 입니다. 쿠폰 등록하실 때 참고하시기 바랍니다.

이 책의 목차

이제는 합격이다

동영상 강좌 안내……………………………………… 2
시험 안내……………………………………………… 4
CBT 응시 방법 안내…………………………………… 6
이 책의 학습방법……………………………………… 8
유튜브 김상훈 TV 소개………………………………… 9
CBT 모의고사 응시 방법……………………………… 10
이 책의 목차…………………………………………… 11
저자 머리말…………………………………………… 12

Part 01 필수 이론 정리

학습

전기자기학 주요 정리………………………………… 14 ☐☐☐
회로이론 주요 정리…………………………………… 28 ☐☐☐
전기기기 주요 정리…………………………………… 37 ☐☐☐
전기설비 주요 정리…………………………………… 54 ☐☐☐

Part 02 필수 빈출 문제

5회 이상 출제 문제 39선 ……………………………… 74   ☐☐☐
4회 이상 출제 문제 30선 ……………………………… 92   ☐☐☐
3회 이상 출제 문제 98선 ……………………………… 105 ☐☐☐
※ 2024년 4회 최신 기출복원문제 …………………… 147 ☐☐☐

편저자의 말

안녕하세요 예비 전기인 여러분. 김상훈입니다.

"전기기능사 필기를 좀 더 빠르게 효율적으로 공부할 방법은 없을까?"

"CBT 환경에서는 어떤 내용을 공부해야 하는가?"

2001년부터 지금까지 오직 전기 한 길만을 걸으며 10만 명이 넘는 학생들의 합격을 위해 함께 노력해 왔습니다. 그동안 전기기사분야와 전기직 공기업(공무원 포함)분야에서 수많은 합격생을 배출하면서 어떤 방법이 합격을 위해 가장 빠르고 효율적인 방법인지를 연구하고 적용해 왔습니다.

이제 그동안 쌓아 온 노하우를 바탕으로 전기 분야에 입문하려 하시는 예비 전기인들을 위해 전기기능사 분야의 강의를 런칭하고자 합니다. 전기기능사는 전기분야의 기초가 되는 자격증으로서, 필기의 경우 CBT 방식으로 시험이 치뤄집니다. 빈번하게 출제되는 내용과 문제가 어느 정도 정해져 있고 평균 60점 이상이면 합격이므로 출제범위의 모든 내용을 공부할 필요는 없습니다.

최소한의 노력으로 꼭 알아야 할 내용을 학습한다면 합격으로의 길이 빨라집니다. 매년 치뤄지는 시험을 분석하여 빠르게 업데이트 하고 실기 준비를 위한 최적의 방법도 준비하여 전기기능사 합격으로 가는 가장 빠른 길을 제시해 드릴 것을 약속 드립니다.

여러분들께서 합격하시는 그날까지 끝까지 함께 하겠습니다.

편저자 김상훈 배상

PART 01

전기이론 정리

1. 전기자기학
2. 회로이론
3. 전기기기
4. 전기 설비

자주 출제되는 빈출문제를 풀기 위해
꼭 알아야 하는 이론만을 모아 정리한 내용입니다.
각 이론별 필수 예제와 묶어서 시험에 어떻게 출제될지,
나오면 어떻게 풀지 감을 잡아 보세요.

1 전기자기학 주요 정리

1. 쿨롱의 법칙 : 두 전하 사이에 미치는 힘

(1) 쿨롱의 힘 : $F = k\dfrac{Q_1 Q_2}{r^2} = \dfrac{Q_1 Q_2}{4\pi\epsilon_o r^2} = 9\times 10^9 \times \dfrac{Q_1 Q_2}{r^2}$ [N]

(2) 쿨롱의 법칙
   ① 두 전하 사이의 힘은 두 전하의 곱에 비례
   ② 두 전하 사이의 힘은 두 전하의 거리의 제곱에 반비례
   ③ 두 전하 사이의 힘은 주위 매질에 따라 달라짐

> • 반발력 : 두 전하의 부호가 같은 경우
> • 흡인력 : 두 전하의 부호가 다른 경우

핵심예제

쿨롱의 법칙에서 2개의 점전하 사이에 작용하는 정전력의 크기는?
① 두 전하의 곱에 비례하고 거리에 반비례한다.
② 두 전하의 곱에 반비례하고 거리에 비례한다.
③ 두 전하의 곱에 비례하고 거리의 제곱에 비례한다.
④ 두 전하의 곱에 비례하고 거리의 제곱에 반비례한다.

| 해설 | 쿨롱의 법칙
$F = \dfrac{Q_1 \cdot Q_2}{4\pi\varepsilon r^2}$

정답 ▶ ④

2. 전기력선의 성질

- 전기력선의 (접선)방향=전계의 방향
- 전계의 세기=전기력선의 밀도(가우스의 법칙)
- 불연속(서로 교차하지 않는다 → 자신만으로 폐곡선을 이루지 않는다)
- 양전하(+)에서 음전하(-)로 이동
- 전위가 높은 곳에서 낮은 곳으로 이동
- 등전위면(도체 표면)과 수직 교차
- 전하가 없는 곳에서 발생이나 소멸이 없다.

> **핵심예제** 전기력선의 성질 중 맞지 않는 것은?
> ① 전기력선은 양(+)전하에서 나와 음(-)전하에서 끝난다.
> ② 전기력선의 접선방향이 전장의 방향이다.
> ③ 전기력선은 도중에 만나거나 끊어지지 않는다.
> ④ 전기력선은 등전위면과 교차하지 않는다.
>
> 정답 ▶ ④

3. 대전현상

- 절연체를 서로 마찰시키면 이들 물체는 전기를 띠게 되고, 가벼운 물체를 끌어당기게 되는 현상
- 양전하와 음전하를 가진 물체를 서로 접촉시키면 전하가 이동하게 되어 전기를 띠게 되는 현상
- 정전기 현상은 대표적인 대전 현상
  - 액체가 관을 통과하는 경우
  - 물체를 접촉했다가 뗀 경우
  - 물체를 마찰시킨 경우

> **핵심예제** 일반적으로 절연체를 서로 마찰시키면 이들 물체는 전기를 띠게 된다. 이와 같은 현상은?
> ① 분극(polarization) ② 대전(electrification)
> ③ 정전(electrostatic) ④ 코로나(corona)
>
> |해설| • 대전 : 물체가 전기를 띠는 것
> • 정전 : 물체에 정지하고 있는 전하
>
> 정답 ▶ ②

4. 두 점(P, Q) 간의 전위차

$$V_{PQ} = V_P - V_Q = 9 \times 10^9 \times \left(\frac{Q}{r_1} - \frac{Q}{r_2}\right)[V]$$

핵심 예제

도면과 같이 공기 중에 놓인 $2 \times 10^{-8}[C]$의 전하에서 2[m] 떨어진 점 P와 1[m] 떨어진 Q와의 전위차는 몇 [V]인가?

① 80[V]
② 90[V]
③ 100[V]
④ 110[V]

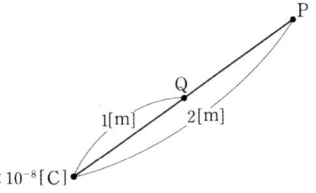

| 해설 | $V = 9 \times 10^9 \times Q\left(\frac{1}{r_1} - \frac{1}{r_2}\right) = 9 \times 10^9 \times 2 \times 10^{-8}\left(\frac{1}{1} - \frac{1}{2}\right) = 90[V]$

정답 ▶ ②

5. 콘덴서의 종류

- 전해 콘덴서 : 전원부 평활용이나 필터용으로 사용되며, 극성이 있다.
- 세라믹 콘덴서 : 가격에비해 성능 우수. 산화티탄 사용, 극성은 없다.
- 마이카 콘덴서 : 내압, 내열 및 용량 변화가 적고 안정적이다. 극성은 없다.
- 마일러 콘덴서 : 전원회로나 바이패스, 저가 앰프의 커플링으로 사용된다. 극성은 없다.

핵심 예제

비유전율이 큰 산화티탄 등을 유전체로 사용한 것으로 극성이 없으며 가격에 비해 성능이 우수하여 널리 사용되고 있는 콘덴서의 종류는?

① 전해 콘덴서 ② 세라믹 콘덴서
③ 마일러 콘덴서 ④ 마이카 콘덴서

| 해설 |
- 전해 콘덴서 : 전원부 평활용이나 필터용으로 사용되며, 극성이 있다.
- 세라믹 콘덴서 : 고주파 특성은 좋으나, 음질은 떨어진다. 저가 제품이나 저주파 필터로 사용된다. 극성은 없다.
- 마이카 콘덴서 : 내압, 내열 및 용량 변화가 적고 안정적이다. 극성은 없다.
- 마일러 콘덴서 : 전원회로나 바이패스, 저가 앰프의 커플링으로 사용된다. 극성은 없다.

정답 ▶ ②

6. 정전용량 : 일정한 전위 V를 주었을 때 전하 Q를 저장하는 능력

- $1[mF] = 10^{-3}[F]$
- $1[\mu F] = 10^{-6}[F]$
- $1[nF] = 10^{-9}[F]$
- $1[pF] = 10^{-12}[F]$

> **핵심 예제**
>
> 정전용량(electrostatic capacity)의 단위를 나타낸 것으로 틀린 것은?
>
> ① $1[\text{pF}]=10^{-12}[\text{F}]$ ② $1[\text{nF}]=10^{-7}[\text{F}]$
> ③ $1[\mu\text{F}]=10^{-6}[\text{F}]$ ④ $1[\text{mF}]=10^{-3}[\text{F}]$
>
> | 해설 | $1[\text{nF}]=10^{-9}[\text{F}]$
>
> 정답 ▶ ②

7. 콘덴서의 연결

(1) 콘덴서 직렬접속

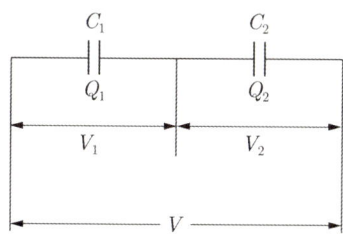

$$C_s = \frac{C_1 \times C_2}{C_1 + C_2}\,[\text{F}]$$

여기서, 콘덴서 3개의 직렬접속 $C = \dfrac{1}{\dfrac{1}{C_1}+\dfrac{1}{C_2}+\dfrac{1}{C_3}} = \dfrac{C_1 C_2 C_3}{C_1 C_2 + C_2 C_3 + C_3 C_1}$

(2) 콘덴서 병렬접속

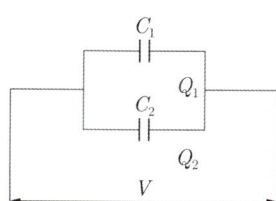

$$C_p = C_1 + C_2\,[\text{F}]$$

> **핵심 예제**
>
> 2[F], 4[F], 6[F]의 콘덴서 3개를 병렬로 접속했을 때의 합성 정전용량은 몇 [F]인가?
>
> ① 1.5 ② 4
> ③ 8   ④ 12
>
> | 해설 | 병렬접속 정전용량 $C_p = C_1 + C_2\,[\text{F}]$
> ∴ 합성 정전용량 $C_T = C_1 + C_2 + C_3 = 2+4+6 = 12[\text{F}]$
>
> 정답 ▶ ④

(3) 같은 정전용량인 콘덴서 n개 연결

- 병렬 합성용량 : $C_P = nC$
- 직렬 합성용량 : $C_S = \dfrac{1}{n}C$

8. 콘덴서에 저장되는 에너지

에너지 $W = \dfrac{1}{2}CV^2 = \dfrac{Q^2}{2C} = \dfrac{1}{2}QV$ [J] (C : 콘덴서의 용량, Q : 콘덴서에 충전된 전하량)

※ $Q = CV$임을 기억하면 어느 식 하나만 기억해도 된다.

어떤 콘덴서에 전압 20[V]를 가할 때 전하 800[μC]이 축적이 되었다면 이때 축적되는 에너지는?

① 0.008[J]   ② 0.16[J]
③ 0.8[J]   ④ 160[J]

| 해설 | 정전에너지 $W = \dfrac{1}{2}VQ = \dfrac{1}{2}CV^2$ [J]

$W = \dfrac{1}{2} \times 20 \times 800 \times 10^{-6} = 0.008$ [J]

정답 ▶ ①

9. 열전현상

- 제벡 효과(Seebeck Effect. 또는 제베크 효과)

두 종류의 금속을 접합하여 폐회로를 만들고 두 접합점 사이에 온도차가 발생되면 열기전력이 생겨서 전류가 흐르는 현상. 이 때 두 종류의 금속을 열전대라 한다.

- 펠티에 효과(Peltier Effect)

두 종류의 금속을 접합하여 폐회로를 만들고 두 접합점 사이에 전류를 흘리면 접합점에서 열이 흡수 또는 발생되는 현상. 제벡의 역효과이며 전자냉동의 원리로 사용

- 톰슨 효과(Thomson Effect)

동일 금속을 접합하여 폐회로를 만들고 두 접합점 사이에 전류를 흘리면 접합점에서 열이 흡수 또는 발생되는 현상

두 개의 서로 다른 금속의 접속점에 온도차를 주면 열기전력이 생기는 현상은?

① 홀 효과   ② 줄 효과
③ 압전기 효과   ④ 제벡 효과

| 해설 | 제벡 효과
두 종류의 금속을 접합하여 폐회로를 만들고 두 접합점 사이에 온도차가 발생되면
열기전력이 생겨서 전류가 흐르는 현상

정답 ▶ ④

10. 인덕턴스의 직렬연결

① 가동결합(가극성) : 자속방향이 같을 경우

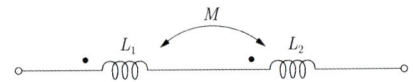 $L_0 = L_1 + L_2 + 2M$ [H]

시험 안내

전기기능사는 전기로 인한 재해를 방지하기 위해 일정한 자격을 갖춘 사람이 전기기기를 제작, 제조 조작, 운전, 보수 등을 하도록 자격 제도를 만든 것입니다.

 시행처

한국산업인력공단(http://www.q-net.or.kr)

 시험 과목

구분	시험과목	검정방법 및 시험시간
필기시험	① 전기이론 ② 전기기기 ③ 전기설비	객관식 4지 택일형, 60문항(60분)
실기시험	전기설비작업	작업형(약 5시간)

※ **합격 기준** : 필기 · 실기 100점 만점으로 하여 60점 이상

※ **필기시험 면제** : 필기시험에 합격한 자에 대하여는 필기시험 합격자 발표일로부터 2년간 필기시험 면제

※ **필기시험 면제자** : 전문계 고등학교의 전기과, 전기제어과, 전기설비과, 전기기계과, 디지털전기과 등 관련 학과

 응시자격

- 연령, 학력, 경력, 성별 지역 등에 제한을 두지 않음

 가산점

- 6급 이하 및 기술직공무원 채용시험 시 공업직렬의 전기, 항공우주 직류, 해양수산직렬의 해양교통시설직류에서 3% 가산
  - 다만, 가산 특전은 매 과목 4할 이상 득점자에게만 필기시험 시행 전일까지 취득한 자격증에 한함
- 한국산업인력공단 일반직 5급 채용 시 전기기능사는 필기시험 만점의 3% 가산

② 차동결합(감극성) : 자속방향이 반대일 경우

$$L_0 = L_1 + L_2 - 2M[\text{H}]$$

11. 상호 인덕턴스와 결합계수

- 상호 인덕턴스 $M = k\sqrt{L_1 L_2}$
- 결합 계수 $k = \dfrac{M}{\sqrt{L_1 L_2}}$

 핵심 예제

자기 인덕턴스 200[mH], 450[mH]인 두 코일의 상호 인덕턴스가 60[mH]이다. 두 코일의 결합 계수는?

① 0.1   ② 0.2
③ 0.3   ④ 0.4

| 해설 | 상호 인덕턴스 $M = k\sqrt{L_1 L_2}$에서

결합 계수 $k = \dfrac{M}{\sqrt{L_1 L_2}} = \dfrac{60}{\sqrt{200 \times 450}} = 0.2$

정답 ▶ ②

12. 인덕턴스에서의 에너지

- 자기 인덕턴스 축적에너지 $W = \dfrac{1}{2}LI^2[\text{J}]$ (L : 자기 인덕턴스)

= 코일에 축적되는 전자(자기) 에너지

 핵심 예제

자체 인덕턴스 0.1[H]의 코일에 5[A]의 전류가 흐르고 있다. 축적되는 전자 에너지는?

① 0.25[J]   ② 0.5[J]   ③ 1.25[J]   ④ 2.5[J]

| 해설 | 축적되는 전자에너지 $W = \dfrac{1}{2}LI^2 = \dfrac{1}{2} \times 0.1 \times 5^2 = 1.25[\text{J}]$

정답 ▶ ③

13. 자석과 자기력선의 성질

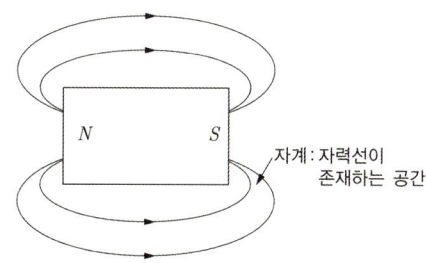

자계 : 자력선이 존재하는 공간

- 자석 : 항상 N극과 S극이 같이 존재(자기량은 동일)
  고온이 되면 자력이 감소
  같은 극성 : 반발력, 다른 극성 : 흡인력
- 자기력선 : N극에서 출발하여 S극에서 종착된다.
  자력이 강하다는 것은 자기력선이 많아서 자계의 세기가 커진다는 의미이다.
- 자기력선에는 고무줄과 같이 줄어들려고 하는 장력이 존재한다.
- 자력선은 자성체를 투과하고, 비자성체는 투과하지 못한다.

> **핵심예제**
>
> 다음 중 자석의 일반적인 성질에 대한 설명으로 틀린 것은?
> ① N극과 S극이 있다.
> ② 자력선은 N극에서 S극으로 향한다.
> ③ 자력이 강할수록 자기력선 수가 많다.
> ④ 자석은 고온이 되면 자력이 증가한다.
>
> | 해설 | 자석의 성질
> - 발생되는 자력선은 아무리 사용해도 기본적으로 감소하지는 않는다.
> - 자석은 고온이 되면 자력이 감소되고, 저온이 되면 자력이 증가한다.
> - 자석은 임계온도 이상으로 가열하면 자석으로서의 성질이 없어진다.
>
> 정답 ▶ ④

14. 자기력선(자기장의 모양)의 성질

- 자계의 방향은 자기력선의 (접선)방향이다.
- 자계의 세기는 자기력선 밀도와 같다.
- N극(+m)에서 시작해서 S극(-m)에서 종료된다.
- 두 개의 자기력선은 서로 교차하지 않는다.
- 자기력선은 자위가 높은 점에서 낮은 점으로 향한다.
- 전기력선은 등자위면과 수직으로 교차한다.
- 자기력선에는 고무줄과 같이 줄어들려고 하는 장력이 존재한다.
- 자력선은 자성체를 투과하고, 비자성체는 투과하지 못한다.

> **핵심예제**
>
> 자기력선에 대한 설명으로 옳지 않은 것은?
> ① 자석의 N극에서 시작하여 S극에서 끝난다.
> ② 자기장의 방향은 그 점을 통과하는 자기력선의 방향으로 표시한다.
> ③ 자기력선은 상호간에 교차한다.
> ④ 자기장의 크기는 그 점에 있어서의 자기력선의 밀도를 나타낸다.
>
> | 해설 | 자기력선의 성질
> - 임의의 점에서 자계의 방향은 자기력선의 접선방향이다.
> - 임의의 점에서 자계의 세기는 자기력선 밀도와 같다.
> - N극(+m)에서 시작해서 S극(-m)에서 종료된다.
> - 두 개의 자기력선은 서로 교차하지 않는다.
> - 자기력선은 자위가 높은 점에서 낮은 점으로 향한다.
> - 전기력선은 등자위면과 수직으로 교차한다.
>
> 정답 ▶ ③

15. 자계에서의 쿨롱의 법칙 : 두 자하(자극) 사이에 미치는 힘

$m_1[\text{Wb}]$ $\mu_0 = 4\pi \times 10^{-7}[\text{H/m}]$ $m_2[\text{Wb}]$

$r[\text{m}]$

(1) 쿨롱의 힘

$$F = \frac{m_1 m_2}{4\pi \mu_0 r^2} = 6.33 \times 10^4 \times \frac{m_1 m_2}{r^2} [\text{N}]$$

여기서, 진공 또는 공기 중의 투자율 $\mu_0 = 4\pi \times 10^{-7}[\text{H/m}]$

> 진공 중에서 같은 크기의 두 자극을 1[m] 거리에 놓았을 때, 그 작용하는 힘은? 단, 자극의 세기는 1[Wb]이다.
> ① $6.33 \times 10^4 [\text{N}]$ ② $8.33 \times 10^4 [\text{N}]$
> ③ $9.33 \times 10^5 [\text{N}]$ ④ $9.09 \times 10^9 [\text{N}]$
>
> | 해설 | 쿨롱의 법칙 $F = 6.33 \times 10^4 \frac{m_1 m_2}{r^2} [\text{N}]$에서 $F = 6.33 \times 10^4 \times \frac{1 \times 1}{1^2} = 6.33 \times 10^4 [\text{N}]$
>
> 정답 ▶ ①

(2) 쿨롱의 법칙

① 힘은 두 자하(자극)의 곱에 비례
② 힘은 두 자하(자극)의 거리의 제곱에 반비례
③ 힘은 주위 매질에 따라 달라진다.

> 쿨롱의 법칙에서 2개의 점자극 사이에 작용하는 정전력의 크기는?
> ① 두 자극의 곱에 비례하고 거리에 반비례한다.
> ② 두 자극의 곱에 반비례하고 거리에 비례한다.
> ③ 두 자극의 곱에 비례하고 거리의 제곱에 비례한다.
> ④ 두 자극의 곱에 비례하고 거리의 제곱에 반비례한다.
>
> | 해설 | 정자계에서의 쿨롱의 법칙
> $$F = \frac{m_1 m_2}{4\pi \mu_0 r^2} = 6.33 \times 10^4 \times \frac{m_1 m_2}{r^2}$$
>
> 정답 ▶ ④

16. 앙페르의 오른나사의 법칙(전류와 자장의 방향)

- 전류의 방향과 자장의 방향의 관계를 나타내는 법칙
- 오른나사의 진행 방향으로 전류가 흐를 때 오른나사의 회전 방향이 자장의 방향이 된다는 법칙

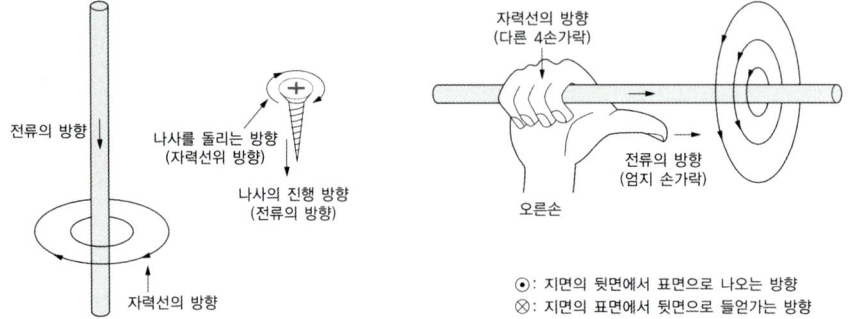

 전류에 의해 만들어지는 자기장의 자기력선 방향을 간단하게 알아내는 법칙은?

① 플레밍의 왼손법칙 ② 플레밍의 오른손법칙
③ 앙페르의 오른나사법칙 ④ 렌츠의 법칙

| 해설 | 앙페르의 오른나사법칙은 전류의 방향과 자장의 방향의 관계를 나타내는 법칙으로 오른나사의 진행방향으로 전류가 흐를 때 오른나사의 회전방향이 자장의 방향이 된다는 법칙이다.

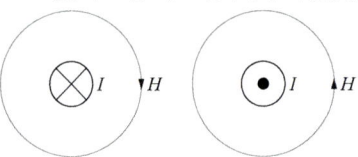

또한, 오른나사의 진행방향으로 자장의 방향이 형성되면 오른나사의 회전방향으로 전류가 흐른다는 법칙이다.

정답 ▶ ③

17. 환상(공심) 솔레노이드에 의한 자계의 세기

① 내부만 평등자장
② 솔레노이드 내부 자계의 세기 : $H = \dfrac{NI}{2\pi r}$ [AT/m]
③ 외부자장 : $H = 0$

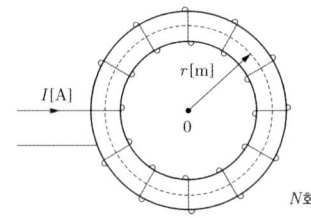

 평균 반지름 r[m]의 환상 솔레노이드에 I[A]의 전류가 흐를 때, 내부 자계가 H[AT/m]이었다. 권수 N은?

① $\dfrac{HI}{2\pi r}$ ② $\dfrac{2\pi r}{HI}$ ③ $\dfrac{2\pi rH}{I}$ ④ $\dfrac{I}{2\pi rH}$

| 해설 | 환상 솔레노이드의 자장의 세기 $H = \dfrac{IN}{2\pi r}$[AT/m]에서 $N = \dfrac{2\pi rH}{I}$ 가 된다.

정답 ▶ ③

18. 무한장 솔레노이드의 자계의 세기

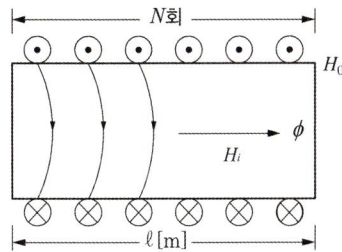

① 내부만 평등자장

② 솔레노이드 내부 자계의 세기 : $H = n_0 I [\text{AT/m}]$ 여기서, n_0 : m당 권수

③ 외부자장 : $H = 0 [\text{AT/m}]$

> **핵심예제**
>
> 단위 길이당 권수 100회인 무한장 솔레노이드에 10[A]의 전류가 흐를 때 솔레노이드 내부의 자장 [AT/m]은?
>
> ① 10   ② 100
>
> ③ 1,000   ④ 10,000
>
> |해설| $H = n_o I = 100 \times 10 = 1,000 [\text{AT/m}]$ 정답 ▶ ③

19. 자계의 세기와 자속밀도

- $B = \mu H \, [\text{wb/m}^2]$

> **핵심예제**
>
> 다음 중 자장의 세기에 대한 설명으로 잘못된 것은?
>
> ① 자속밀도에 투자율을 곱한 것과 같다.
> ② 단위자극에 작용하는 힘과 같다.
> ③ 단위 길이당 기자력과 같다.
> ④ 수직 단면의 자력선 밀도가 같다.
>
> |해설| 자속밀도는 $B = \mu H [\text{Wb/m}^2]$이므로, $H = \dfrac{B}{\mu} [\text{AT/m}]$ 정답 ▶ ①

20. 비오-사바르 법칙

임의의 형상의 도체에 전류 $I[\text{A}]$가 흐를 때, 도체의 미소길이 dl 부분에 흐르는 전류에 의하여 거리 r 만큼 떨어진 점 P에서의 자계의 세기를 알아내는 법칙

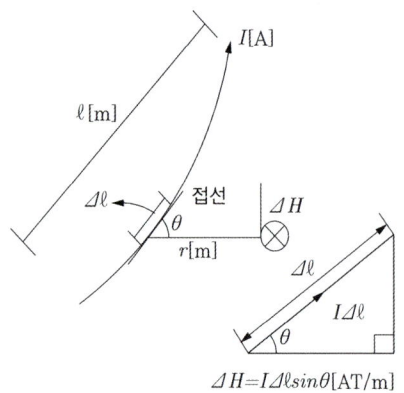

자계의 세기 $\triangle H = \dfrac{I \triangle l \sin\theta}{4\pi r^2}$ [AT/m]

$\triangle H = I \triangle l \sin\theta$ [AT/m]

> **핵심예제**
> 전류에 의해 발생되는 자장의 크기는 전류의 크기와 전류가 흐르고 있는 도체와 고찰하려는 점까지의 거리에 의해 결정된다. 이러한 관계를 무슨 법칙이라 하는가?
> ① 비오-사바르의 법칙 ② 플레밍의 법칙
> ③ 쿨롱의 법칙 ④ 패러데이의 법칙
>
> 정답 ▶ ①

21. 자성체의 종류

- 강자성체 : $\mu_s \gg 1$ 철, 니켈, 코발트
- 상자성체 : $\mu_s > 1$ 공기, 알루미늄
- 역(반)자성체 : $\mu_s < 1$ 구리, 창연, 금, 은

자기저항 $R_m = \dfrac{l}{\mu S} = \dfrac{l}{\mu_o \mu_s S}$ 에서 강자성체를 사용하면 비투자율이 크므로 자기저항이 감소

> **핵심예제**
> 다음 물질 중 강자성체로만 짝지어진 것은?
> ① 철, 니켈, 아연, 망간 ② 구리, 비스무트, 코발트, 망간
> ③ 철, 구리, 니켈, 아연 ④ 철, 니켈, 코발트
>
> | 해설 | • 강자성체 : 철(Fe), 니켈(Ni), 코발트(Co)
>   • 상자성체 : 알루미늄, 백금 등
>
> 정답 ▶ ④

22. 플레밍의 왼손 법칙

- 자계 중에서 전류가 흐르는 도체가 받는 힘(전자력)
- 전동기의 원리
- 엄지 손가락 : 힘의 방향
  둘째 손가락 : 자장의 방향
  셋째 손가락 : 전류의 방향

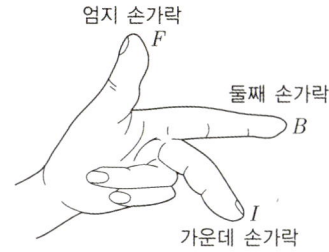

자계 중에서 전류가 흐르는 도체가 받는 힘(전자력)

$F = (I \times B)l = IBl\sin\theta$ [N] : 힘은 $\theta = 90°$인 경우 최대

> **핵심예제**
> 플레밍의 왼손 법칙에서 전류의 방향을 나타내는 손가락은?
> ① 약지 ② 중지
> ③ 검지 ④ 엄지
>
> | 해설 | 전자력(힘) $F = (I \times B)l = IBl\sin\theta$ [N]
> 플레밍의 왼손 법칙 : 전동기의 회전방향을 알고자 할 때 적용
> • 중지 : 전류의 방향
> • 검지 : 자장의 방향
> • 엄지 : 힘의 방향
>
> 정답 ▶ ②

23. 플레밍의 오른손 법칙

- 자계 중에서 도체가 운동하면 기전력이 발생
- 발전기의 원리
- 엄지 손가락 : 운동의 방향
  둘째 손가락 : 자장의 방향
  셋째 손가락 : 기전력의 방향
- 유기기전력 $e = (v \times B)l = vBl\sin\theta$ [V]

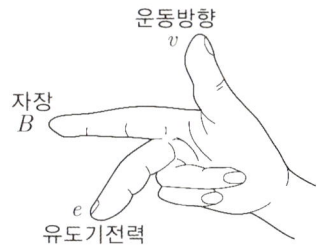

> **핵심예제**
> 플레밍의 오른손 법칙에서 셋째 손가락의 방향은?
> ① 운동 방향 ② 자속밀도의 방향
> ③ 유도기전력의 방향 ④ 자력선의 방향
>
> | 해설 | 플레밍의 오른손 법칙
> 플레밍의 오른손 법칙은 자계 중에서 도체가 운동하면 기전력이 발생된다는 것으로, 발전기의 원리가 된다. 엄지 손가락이 운동의 방향을, 둘째 손가락이 자장의 방향을, 가운데 손가락이 기전력의 방향을 나타낸다.
>
> 정답 ▶ ③

24. 패러데이-렌츠의 전자유도 법칙

$e = -N\dfrac{d\phi}{dt}$ (여기서, -는 방향을 나타냄)

(1) 패러데이 법칙(Faraday's law)
- "전자유도에 의해 회로에 발생하는 기전력은 자속 쇄교수의 시간에 대한 감쇠율에 비례하며 권수에 비례."
- 유기기전력의 크기를 나타내는 법칙

(2) 렌츠의 법칙(Lenz's law)
- "전자 유도에 의해 회로에 발생하는 기전력은 자속의 증감을 방해하는 방향으로 발생."
- 유기기전력의 방향을 나타내는 법칙

자속의 변화에 의한 유도 기전력의 방향 결정은?
① 렌츠의 법칙 ② 패러데이의 법칙
③ 앙페르의 법칙 ④ 줄의 법칙

| 해설 | 렌츠의 법칙
"전자유도에 의하여 생긴 기전력의 방향은 그 유도전류가 만드는 자속이 항상 원래의 자속의 증가 또는 감소를 방해하는 방향이다." 즉, 기전력의 방향을 결정한다.   정답 ▶ ①

(3) 인덕턴스에서의 유기기전력
- $e = -L\dfrac{di}{dt}$ [V]

1회 감은 코일에 지나가는 자속이 1/100[sec] 동안에 0.3[Wb]에서 0.5[Wb]로 증가했다면 유도 기전력[V]은?
① 5   ② 10   ③ 20   ④ 40

| 해설 | 전자유도법칙에 의한 유도기전력 $e = -N\dfrac{d\phi}{dt}$ 에서 $e = 1 \times \dfrac{0.5-0.3}{\dfrac{1}{100}} = 20$[V]가 된다.   정답 ▶ ③

25. 히스테리시스 곡선

- 자계의 세기의 변화에 따른 자속 밀도의 곡선
- $B = \mu H$
- 기울기 : μ(투자율)
- 가로축 : 자계의 세기(H)
- 세로축 : 자속 밀도(B)
- 가로축과 만나는 점 : 보자력
- 세로축과 만나는 점 : 잔류자기

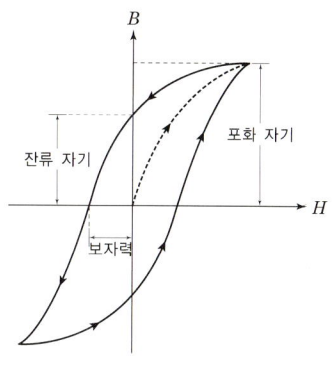

〈히스테리시스 곡선〉

핵심예제

히스테리시스 곡선의 ㉠ 가로축(횡축)과 ㉡ 세로축(종축)은 무엇을 나타내는가?

① ㉠ 자속 밀도, ㉡ 투자율
② ㉠ 자기장의 세기, ㉡ 자속 밀도
③ ㉠ 자화의 세기, ㉡ 자기장의 세기
④ ㉠ 자기장의 세기, ㉡ 투자율

| 해설 | 히스테리시스 곡선에서 종축을 자속밀도로 나타내며, B_r을 잔류자기(residual magnetism)라 한다. 또 횡축은 자계의 세기로 나타내며, H_c를 보자력(coercive force)이라 한다.

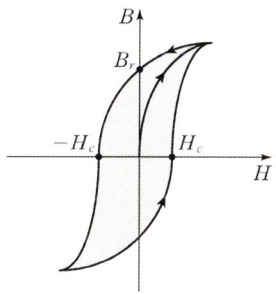

【히스테리시스 곡선】
여기서, B_r : 잔류자기, H_c : 보자력

정답 ▶ ②

2 회로이론 주요 정리

1. 전지의 연결

① 직렬로 전지가 n개 연결 : 전체 내부저항 $R_0 = nr[\Omega]$

② 병렬로 전지가 n개 연결 : 전체 내부저항 $R_0 = \dfrac{r}{n}[\Omega]$

> **핵심예제**
>
> 기전력 1.5[V], 내부저항 0.2[Ω]인 전지 5개를 직렬로 접속하여 단락시켰을 때의 전류[A]는?
>
> ① 1.5[A]   ② 2.5[A]   ③ 6.5[A]   ④ 7.5[A]
>
> | 해설 | $I = \dfrac{nE}{nr} = \dfrac{5 \times 1.5}{5 \times 0.2} = 7.5[A]$
>
> 정답 ▶ ④

2. 전류와 전하량의 관계

$I = \dfrac{Q}{t}$ [A], [C/sec], $Q = I \cdot t$ [C], [A·sec]

따라서 1[Ah]=1[A]×3,600[sec]=3,600[A·sec]=3,600[C] (여기서, 1[h]=3,600[sec])

> **핵심예제**
>
> 어떤 전지에 5[A] 전류가 10분간 흘렀다면 이 전지에서 나온 전기량은?
>
> ① 0.83[C]   ② 50[C]   ③ 250[C]   ④ 3,000[C]
>
> | 해설 | 전기량 $Q = I \cdot t = 5 \times 10 \times 60 = 3,000[C]$
>
> 정답 ▶ ④

3. 옴의 법칙

$I = \dfrac{V}{R}$ [A] : 전류는 저항에 반비례하고 전압에 비례

> **핵심예제**
>
> 10[Ω]의 저항에 2[A]의 전류가 흐를 때 저항의 단자 전압은 얼마인가?
>
> ① 5   ② 10   ③ 15   ④ 20
>
> | 해설 | 옴의 법칙 $V = IR$[V]에서 $V = 2 \times 10 = 20$[V]
>
> 정답 ▶ ④

4. 컨덕턴스 : 저항의 역수

$$G = \frac{1}{R} [\mho]$$

2[Ω]의 저항과 3[Ω]의 저항을 직렬로 접속할 때 합성 컨덕턴스는 몇 [℧]인가?

① 5　　　　② 2.5　　　　③ 1.5　　　　④ 0.2

| 해설 | 합성저항 $R = 2 + 3 = 5 [\Omega]$

합성 컨덕턴스 $G = \frac{1}{R} = \frac{1}{5} = 0.2 [\mho]$

정답 ▶ ④

5. 전력과 전력량

(1) 전력량 : 전기가 t[sec] 동안 한 일의 양, W[J]

$$W = VIt = I^2 R\ t = \frac{V^2}{R} t [J], [W \cdot sec]$$

다음 1[kWh]는 몇 [J]인가?

① 3.6×10^6　　② 860　　③ 10^3　　④ 10^6

| 해설 | 1[kWh] = 1,000 [Wh]
= 1,000 × 3,600 [W·s]
= 3,600 × 1,000 = 3.6 × 10⁶[J]

정답 ▶ ①

(2) 전력 : 전기가 단위 시간 당에 한 일, P[W]

$$P = VI = I^2 R = \frac{V^2}{R} [W]$$

저항 300[Ω]의 부하에서 90[kW]의 전력이 소비되었다면 이때 흐른 전류는?

① 약 3.3[A]　　　　　　　　② 약 17.3[A]
③ 약 30[A]　　　　　　　　④ 약 300[A]

| 해설 | 전력 $P = I^2 R$에서 $I = \sqrt{\frac{P}{R}} = \sqrt{\frac{90 \times 10^3}{300}} = 17.32[A]$가 된다.

정답 ▶ ②

(3) 전력과 전력량의 관계

$W = Pt$에서 $P = \dfrac{W}{t} [J/sec]$

> **핵심예제**
>
> 전력과 전력량에 관한 설명으로 틀린 것은?
>
> ① 전력은 전력량과 다르다. ② 전력량은 와트로 환산된다.
> ③ 전력량은 칼로리 단위로 환산된다. ④ 전력은 칼로리 단위로 환산할 수 없다.
>
> | 해설 | 전력량
> $W = P \times t \, [Wh]$
> • 소비되는 전력에 사용하는 시간을 곱한 값이다.
> • $1[Wh] = 860[cal]$
>
> 정답 ▶ ②

6. 정격 P[W]-V[V]은 $P = \dfrac{V^2}{R}$ 로 계산

전구를 직렬연결 : 소비전력은 $P = I^2 R$로 계산하므로, 저항의 크기가 큰 전구가 더 밝다.

> **핵심예제**
>
> 200[V] 30[W]인 백열전구와 200[V] 60[W]인 백열전구를 직렬로 접속하고, 200[V]의 전압을 인가하였을 때 어느 전구가 더 어두운가? (단, 전구의 밝기는 소비전력에 비례한다)
>
> ① 둘 다 같다. ② 30[W]전구가 60[W]전구보다 더 어둡다.
> ③ 60[W]전구가 30[W]전구보다 더 어둡다. ④ 비교할 수 없다.
>
> | 해설 | 30[W] 전구의 저항 $R = \dfrac{V^2}{P} = \dfrac{200^2}{30} = 1,333.33[\Omega]$
>
> 60[W] 전구의 저항 $R = \dfrac{V^2}{P} = \dfrac{200^2}{60} = 666.67[\Omega]$ 이고
>
> 직렬연결이므로 소비전력 $P = I^2 R$이며 전류는 일정하므로 소비전력은 저항의 크기에 비례하며 소비전력이 클수록 더 밝게 된다.
> 따라서 30[W]의 전구가 더 밝게 된다.
>
> 정답 ▶ ③

7. 배율기, 분류기

- 배율기 : 전압의 측정 범위를 넓히기 위하여 전압계에 직렬로 접속하는 저항
- 분류기 : 전류계의 측정 범위를 넓히기 위하여 전류계에 병렬로 접속하는 저항

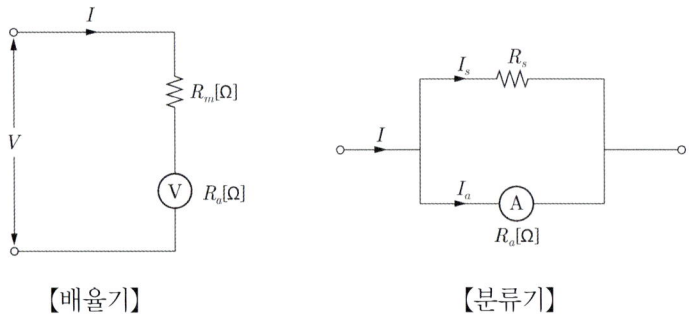

【배율기】   【분류기】

핵심예제

부하의 전압과 전류를 측정하기 위한 전압계와 전류계의 접속방법으로 옳은 것은?

① 전압계 : 직렬, 전류계 : 병렬
② 전압계 : 직렬, 전류계 : 직렬
③ 전압계 : 병렬, 전류계 : 직렬
④ 전압계 : 병렬, 전류계 : 병렬

| 해설 |

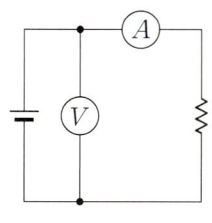

【회로도】
전압계는 병렬로 접속하고 전류계는 직렬로 접속한다.

정답 ▶ ③

8. 정현파의 순싯값 : $i = I_m \sin \omega t$

구분	파형	실횻값	평균값
정현파	(파형 그림)	$\dfrac{I_m}{\sqrt{2}}$	$\dfrac{2}{\pi} I_m$

핵심예제

어떤 정현파 교류의 최댓값이 $V_m = 220[V]$이면 평균값 V_a는?

① 120.4[V] ② 125.4[V] ③ 127.3[V] ④ 140.1[V]

| 해설 |

파형	정현파	정현반파	삼각파	구형반파	구형파
실횻값	$\dfrac{V_m}{\sqrt{2}}$	$\dfrac{V_m}{2}$	$\dfrac{V_m}{\sqrt{3}}$	$\dfrac{V_m}{\sqrt{2}}$	V_m
평균값	$\dfrac{2V_m}{\pi}$	$\dfrac{V_m}{\pi}$	$\dfrac{V_m}{2}$	$\dfrac{V_m}{2}$	V_m

정현파의 평균값 $V_{av} = \dfrac{2V_m}{\pi}$ 에서 $V_{av} = \dfrac{2 \times 220}{\pi} = 140.1[V]$가 된다.

정답 ▶ ④

9. 파형률과 파고율

- 파형률(form factor) = $\dfrac{\text{실횻값}}{\text{평균값}}$

- 파고율(crest factor) = $\dfrac{\text{최댓값}}{\text{실횻값}}$

10. R-L-C 직렬공진

- 직렬공진 조건 : $\omega L - \dfrac{1}{\omega C} = 0$

- 직렬공진 시 : 전류 최대

핵심예제

R-L-C 직렬공진 회로에서 최소가 되는 것은?

① 저항 값　　② 임피던스 값　　③ 전류 값　　④ 전압 값

| 해설 | RLC 직렬회로에 공진조건 $\omega L - \dfrac{1}{\omega C} = 0$

$Z = \sqrt{R^2 + (X_L - X_C)^2}$ 에서 $X_L - X_C = 0$ 일 때 $Z = R$이 된다. 즉, Z가 최소가 되며 이때 전류가 최대이다.

	직렬 공진	병렬 공진
임피던스	최소	최대
전압, 전류	최대	최소

정답 ▶ ②

11. 일반적인 공진회로

① 공진 시 어드미턴스 : $Y_r = \dfrac{RC}{L}$

② 공진 시 임피던스 : $Z = \dfrac{1}{Y_r} = \dfrac{L}{RC}$

③ 공진 시 용량성 리액턴스 : $X_c = \dfrac{1}{\omega C} = \dfrac{R^2 + (\omega L)^2}{\omega L}$

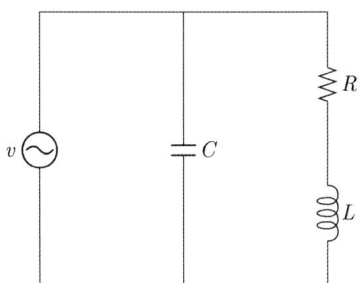

핵심예제

그림의 병렬 공진회로에서 공진 임피던스 $Z_0 [\Omega]$은?

① $\dfrac{L}{CR}$　　② $\dfrac{CL}{R}$

③ $\dfrac{R}{CL}$　　④ $\dfrac{CR}{L}$

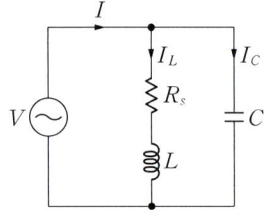

| 해설 | 공진 시 임피던스 : $Z = \dfrac{1}{Y_r} = \dfrac{L}{RC}$

정답 ▶ ①

12. 전력의 종류

(1) 유효전력 : 저항에서 소모된 전력, 평균전력, 소비전력

$$P = VI\cos\theta = P_a\cos\theta = I^2R = \frac{V^2}{R}[\text{W}]$$

(2) 무효전력 : 실제로 아무런 일을 할 수 없는 전력

$$P_r = VI\sin\theta = P_a\sin\theta = I^2X = \frac{V^2}{X}[\text{Var}]$$

> **핵심예제** 무효전력에 대한 설명으로 틀린 것은?
> ① $P = VI\cos\theta$로 계산된다.
> ② 부하에서 소모되지 않는다.
> ③ 단위로는 Var를 사용한다.
> ④ 전원과 부하 사이를 왕복하기만 하고 부하에 유효하게 사용되지 않는 에너지이다.
>
> | 해설 | 무효전력 : 실제로 아무런 일을 할 수 없는 전력. 단위는 [Var], [kVar] 등
> 무효전력 $P_r = VI\sin\theta$[Var]
> ※ 유효전력 $P = VI\cos\theta$[W]
>
> 정답 ▶ ①

13. 브리지 평형 : 서로 대각끼리 마주보고 있는 임피던스의 곱이 서로 같으면 평형

$$R_1 \times \frac{1}{j\omega C_2} = R_2 \times \frac{1}{j\omega C_1} \text{ 에서 } \frac{R_2}{C_1} = \frac{R_1}{C_2} \text{ 이므로}$$

$$R_1 C_1 = R_2 C_2$$

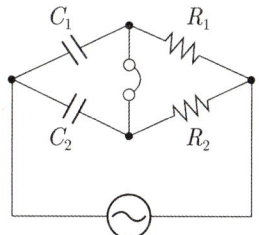

14. Y결선 회로의 특징

- 선간전압 $V_l = \sqrt{3}\,V_p \angle \frac{\pi}{6}$[V] : 선간전압이 상전압보다 $\sqrt{3}$ 배 크고, 위상은 30° 앞선다.
- $I_l = I_p \angle 0$[A] : 선전류는 상전류와 크기 및 위상이 같다.

> **핵심예제** Y결선에서 상전압이 220[V]이면 선간전압은 약 몇 [V]인가?
> ① 110　　② 220　　③ 380　　④ 440
>
> | 해설 | Y결선에서는 선간전압이 상전압의 $\sqrt{3}$ 배이므로, $V_l = \sqrt{3} \times 220 = 380$[V]가 된다.
>
> 정답 ▶ ③

15. △결선 회로의 특징

- 선간전압 $V_l = V_p$ [V] : 선간전압이 상전압과 크기 및 위상이 같다.
- $I_l = \sqrt{3} I_p \angle -30°$ [A] : 선전류는 상전류에 비해 $\sqrt{3}$ 배 크고, 위상은 30° 늦다.

△결선시 V_l(선간전압), V_p(상전압), I_l(선전류), I_p(상전류)의 관계식으로 옳은 것은?

① $V_l = \sqrt{3} V_p$, $I_l = I_p$ ② $V_l = V_p$, $I_l = \sqrt{3} I_p$

③ $V_l = \frac{1}{\sqrt{3}} V_p$, $I_l = I_p$ ④ $V_l = V_p$, $I_l = \frac{1}{\sqrt{3}} I_p$

| 해설 | • △결선시
$V_l = V_P$, $I_l = \sqrt{3} I_P$
• Y결선시
$V_l = \sqrt{3} V_P$, $I_l = I_P$

정답 ▶ ②

16. Y결선과 △결선 비교(저항, 임피던스, 선전류, 소비전력)

- Y → △ : 3배
- △ → Y : $\frac{1}{3}$ 배

부하의 결선방식에서 Y결선에서 △결선으로 변환하였을 때의 임피던스는?

① $Z_\Delta = \sqrt{3} Z_Y$ ② $Z_\Delta = \frac{1}{\sqrt{3}} Z_Y$

③ $Z_\Delta = 3 Z_Y$ ④ $Z_\Delta = \frac{1}{3} Z_Y$

| 해설 | $Z_\Delta = 3 Z_Y$

정답 ▶ ③

17. 단선 회로

- △결선했을 때의 전력 $P_\triangle = 3 \times \frac{V^2}{R}$ [W]
- 한 선이 단선되었을 때의 전력

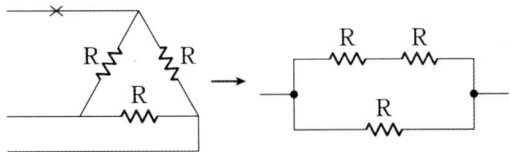

합성저항 $R = \frac{2R \cdot R}{2R + R} = \frac{2R^2}{3R} = \frac{2R}{3}$,   전력 $P_o = \frac{V^2}{\frac{2R}{3}} = \frac{3V^2}{2R} = \frac{1}{2} P_\triangle$

핵심 예제

대칭 3상 전압에 △ 결선으로 부하가 구성되어 있다. 3상 중 한 선이 단선되는 경우, 소비되는 전력은 끊어지기 전과 비교하여 어떻게 되는가?

① $\frac{3}{2}$으로 증가한다.   ② $\frac{2}{3}$로 줄어든다.

③ $\frac{1}{3}$로 줄어든다.   ④ $\frac{1}{2}$로 줄어든다.

| 해설 | 한 선이 단선되었을 때의 등가회로

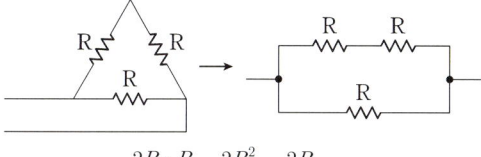

합성저항 $R = \dfrac{2R \cdot R}{2R+R} = \dfrac{2R^2}{3R} = \dfrac{2R}{3}$

전력 $P_o = \dfrac{V^2}{\frac{2R}{3}} = \dfrac{3V^2}{2R} = \dfrac{1}{2}P_\triangle$

정답 ▶ ④

18. 2전력계법 : 단상 전력계 2대로 3상 전력 측정

- 유효전력 $P = P_1 + P_2 \, [\text{W}]$
- 무효전력 $P_r = \sqrt{3}\,(P_1 - P_2)\,[\text{Var}]$
- 피상전력 $P_a = 2\sqrt{P_1^2 + P_2^2 - P_1 P_2}$
- 역률 $\cos\theta = \dfrac{P_1 + P_2}{2\sqrt{P_1^2 + P_2^2 - P_1 P_2}}$

핵심 예제

2전력계법으로 3상 전력을 측정할 때 지시값이 $P_1 = 200\,[\text{W}]$, $P_2 = 200\,[\text{W}]$이었다. 부하전력 [W]은?

① 600   ② 500
③ 400   ④ 300

| 해설 | 2전력계법

- P(유효전력) $= P_1 + P_2$
- P_a(피상전력) $= 2\sqrt{P_1^2 + P_2^2 - P_1 P_2}$
- $\cos\theta$(역률) $= \dfrac{P_1 + P_2}{2\sqrt{P_1^2 + P_2^2 - P_1 P_2}}$

$P = P_1 + P_2 = 200 + 200 = 400$

정답 ▶ ③

19. 푸리에 급수(Fourier series)

주파수와 진폭을 달리하는 무수히 많은 성분을 갖는 비정현파(비사인파)를 직류분과 무수히 많은 정현항과 여현항의 합으로 표현하는 것을 말한다.

• 푸리에 급수 : 비정현파(비사인파) 교류＝직류분＋기본파＋고조파

>
>
> 비사인파 교류의 일반적인 구성이 아닌 것은?
>
> ① 기본파　　　　　　　　　② 직류분
> ③ 고조파　　　　　　　　　④ 삼각파
>
> | 해설 | 푸리에 급수(Fourier series)
> 　　　　푸리에 급수는 주파수와 진폭을 달리하는 무수히 많은 성분을 갖는 비정현파를 직류분과 무수히 많은 정현항과 여현항의 합으로 표현하는 것을 말한다.
> 　　　　비정현파 교류＝직류분＋기본파＋고조파
> 　　　　　　　　　　　　　　　　　　　　　　　　　　　　　　　　　정답 ▶ ④

3 전기기기 주요 정리

1. 직류기

(1) 직류기의 전기자 철심 : 규소강판 성층철심 사용
- 히스테리시스손 감소 : 규소강판 사용
- 와류손 감소 : 성층철심 사용

> **핵심예제** 직류기의 전기자 철심을 규소 강판으로 성층하여 만드는 이유는?
> ① 가공하기 쉽다.　　　　　② 가격이 염가이다.
> ③ 철손을 줄일 수 있다.　　④ 기계손을 줄일 수 있다.
> 　　　　　　　　　　　　　　　　　　　　　　정답 ▶ ③

(2) 전기자 권선법

비교항목	단중 중권	단중 파권
전기자의 병렬회로수	$a = P$(mP)	$a = 2$(2m)
브러시 수	$a = P = b$	b=2
용 도	저전압, 대전류	고전압, 소전류
균압접속	균압환 필요	불필요

> **핵심예제** 직류기의 파권에서 극수에 관계없이 병렬 회로수 a는 얼마인가?
> ① 1　　　　② 2　　　　③ 4　　　　④ 6
> 　　　　　　　　　　　　　　　　　　　　　　정답 ▶ ③

(3) 전기자 반작용
전기자 전류에 의한 전기자 기자력이 계자 기자력에 영향을 미치는 현상(주자속이 감소하는 현상)
- 편자 작용
  - 감자 작용 : 전기자 기자력이 계자 기자력에 반대 방향으로 작용하여 자속이 감소
  - 교차자화 작용 : 전기자 기자력이 계자 기자력에 수직방향으로 작용하여 자속분포가 그러짐

- 전기적 중성축 이동
  - 발전기 : 회전방향으로 이동
  - 전동기 : 회전 반대 방향으로 이동
- 보극이 없는 직류기는 브러시를 이동
- 국부적으로 섬락 발생 : 공극의 자속분포 불균형으로 섬락(불꽃) 발생
- 발전기의 유기기전력 감소

> **핵심예제**
> 다음 중 직류발전기의 전기자 반작용을 없애는 방법으로 옳지 않은 것은?
> ① 보상권선 설치 ② 보극 설치
> ③ 브러시 위치를 전기적 중성점으로 이동 ④ 균압환 설치
> 정답 ▶ ④

(4) 직류발전기 정류 개선법

- 보극 : 전압정류
- 탄소브러시(접촉 저항이 클 것) : 저항정류

> **핵심예제**
> 직류 발전기에서 전압 정류의 역할을 하는 것은?
> ① 보극 ② 탄소 브러시
> ③ 전기자 ④ 리액턴스 코일
> 정답 ▶ ①

(5) 직류발전기의 종류

- 직권발전기 : 전기자와 계자를 직렬로 연결한 발전기
- 분권발전기 : 전기자와 계자를 병렬로 연결한 발전기
- 복권발전기 : 전기자와 계자를 직·병렬로 연결한 발전기

(6) 직류발전기의 전압변동률

$$\epsilon = \frac{V_0 - V_n}{V_n} \times 100 [\%]$$

여기서, V_0 : 무부하 시 단자전압, V_n : 부하 시 단자전압

- $\epsilon(+)$: 타여자, 분권($V_0 > V_n$)
- $\epsilon(0)$: 평복권($V_0 = V_n$)
- $\epsilon(-)$: 과복권($V_0 < V_n$)

> **핵심예제**
> 무부하에서 119[V] 되는 분권 발전기의 변동률이 6[%]이다. 정격 전부하 전압은 약 몇 [V]인가?
> ① 110.2 　　　　　　　　　② 112.3
> ③ 122.5 　　　　　　　　　④ 125.3
>
> |해설| 전압 변동률 $\epsilon = \dfrac{V_0 - V_n}{V_n} \times 100 [\%]$
>
> $V_n = \dfrac{V_0}{1+\epsilon} = \dfrac{119}{1+0.06} = 112.3 [V]$
>
> 정답 ▶ ②

(7) 직류발전기 균압선

- 병렬운전을 안정
- 직권발전기 및 복권발전기는 균압선을 시설

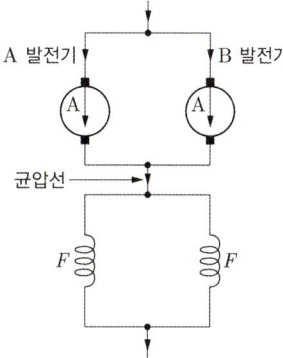

> **핵심예제**
> 복권 발전기의 병렬 운전을 안정하게 하기 위해서 두 발전기의 전기자와 직권 권선의 접촉점에 연결하여야 하는 것은?
> ① 집전환 　　　　　　　　　② 균압선
> ③ 안정저항 　　　　　　　　④ 브러시
>
> |해설| 병렬운전을 안정하게 하기 위하여 직권계자권선이 있는 직권발전기 및 복권발전기는 균압선을 시설해야 한다.
>
> 정답 ▶ ②

(8) 유기기전력(역기전력)

- 직류발전기 : 유기기전력 $E = V + I_a R_a$
- 직류전동기 : 역기전력 $E = V - I_a R_a$

　여기서, V는 단자전압

> **핵심예제**
> 전기자저항 0.1[Ω], 전기자전류 104[A], 유도기전력 110.4[V]인 직류 분권 발전기의 단자전압[V]은?
> ① 110 　　　　　　　　　② 106
> ③ 102 　　　　　　　　　④ 100
>
> |해설| 직류 분권 발전기
> 　　　전기자 전류 $I_a = I + I_f = 104 [A]$
> 　　　단자전압 $V = E - I_a R_a$에서 $V = 110.4 - 104 \times 0.1 = 100 [V]$가 된다.
>
> 정답 ▶ ④

(9) 직류전동기 토크

$$T = 0.975 \times \frac{P}{N} [\text{kg} \cdot \text{m}]$$

여기서, $P[\text{W}]$는 출력, $N[\text{rpm}]$은 회전속도

(10) 직류전동기 기동 시

- 기동저항기(R_s) : 최대
- 계자저항기(R_f) : 최소(기동토크를 크게 하기 위하여 0으로 해둔다)

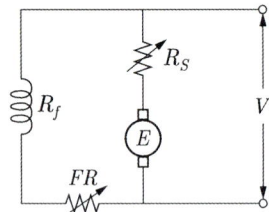

> **핵심예제**
> 직류 분권 전동기의 기동 방법 중 가장 적당한 것은?
> ① 기동 저항기를 전기자와 병렬로 접속한다.
> ② 기동 토크를 작게 한다.
> ③ 계자 저항기의 저항값을 크게 한다.
> ④ 계자 저항기의 저항값을 0으로 한다.
>
> 정답 ▶ ④

(11) 직류전동기 속도-토크 특성

- 직권 전동기 : $\tau \propto I^2 \propto \dfrac{1}{N^2}$, 전기철도용, 기중기용
- 분권 전동기 : $\tau \propto I \propto \dfrac{1}{N}$

> **핵심예제**
> 직류 직권 전동기의 회전수(N)와 토크(τ)와의 관계는?
> ① $\tau \propto \dfrac{1}{N}$ ② $\tau \propto \dfrac{1}{N^2}$ ③ $\tau \propto N$ ④ $\tau \propto N^{\frac{3}{2}}$
>
> | 해설 |
> - 직권 전동기 : $\tau \propto I^2 \propto \dfrac{1}{N^2}$
> - 분권 전동기 : $\tau \propto I \propto \dfrac{1}{N}$
>
> 정답 ▶ ②

(12) 규약효율

- 발전기(출력을 기준) $\eta = \dfrac{출력}{입력} \times 100 = \dfrac{출력}{출력 + 손실} \times 100\,[\%]$

- 전동기(입력을 기준) $\eta = \dfrac{출력}{입력} \times 100 = \dfrac{입력 - 손실}{입력} \times 100\,[\%]$

> **핵심예제**
>
> 직류 전동기의 규약 효율을 표시하는 식은?
>
> ① $\dfrac{출력}{출력 + 손실} \times 100\,[\%]$ ② $\dfrac{출력}{입력} \times 100\,[\%]$
>
> ③ $\dfrac{입력 - 손실}{입력} \times 100\,[\%]$ ④ $\dfrac{출력}{입력 + 손실} \times 100\,[\%]$
>
> 정답 ▶ ③

2. 동기기

(1) 동기속도 $N_s = \dfrac{120f}{p}\,[\text{rpm}]$

> **핵심예제**
>
> 60[Hz], 20,000[kVA]의 발전기의 회전 수가 1,200[rpm]이라면 이 발전기의 극수는 얼마인가?
>
> ① 6극   ② 8극   ③ 12극   ④ 14극
>
> | 해설 | $N_s = \dfrac{120f}{P}$
>
> $P = \dfrac{120f}{N_s} = \dfrac{120 \times 60}{1,200} = 6\,[극]$
>
> 정답 ▶ ①

(2) 동기발전기의 전기자 반작용

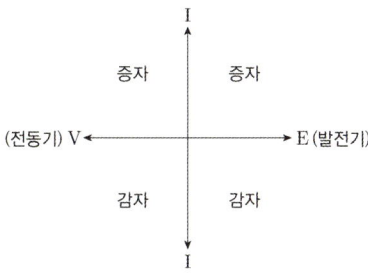

- 횡축 반작용(교차 자화작용) : 유기기전력과 전기자전류가 동상일 때
- 직축 반작용
  - 증자작용 : 유기기전력보다 $\dfrac{\pi}{2}$ 앞선 전류가 흐를 때
  - 감자작용 : 유기기전력보다 $\dfrac{\pi}{2}$ 뒤진 전류가 흐를 때

동기 발전기에서 전기자 전류가 기전력보다 90° 만큼 위상이 앞설 때의 전기자 반작용?

① 교차자화작용　　　② 감자작용　　　③ 편자작용　　　④ 증자작용

| 해설 | 동기 발전기의 전기자 반작용
- 횡축 반작용 : 유기기전력과 전기자전류가 동상일 때
- 직축 반작용
  - 증자작용 : 유기기전력보다 $\frac{\pi}{2}$ 앞선 전류가 흐를 때
  - 감자작용 : 유기기전력보다 $\frac{\pi}{2}$ 뒤진 전류가 흐를 때

정답 ▶ ④

(3) 동기발전기의 병렬운전 조건

병렬운전 조건	문제점
기전력의 크기가 같을 것	무효순환전류(무효횡류)
기전력의 위상이 같을 것	동기화 전류(유효횡류)
기전력의 주파수가 같을 것	난조 발생
기전력의 파형이 같을 것	고조파 무효순환전류
상회전 방향이 같을 것	

3상 동기 발전기 병렬운전 조건이 아닌 것은?

① 전압의 크기가 같을 것　　　② 회전수가 같을 것
③ 주파수가 같을 것　　　　　④ 전압 위상이 같을 것

정답 ▶ ②

(4) %동기임피던스와 단락비와의 관계

① %동기임피던스 $\%Z_s = \dfrac{I_n Z_s}{E} \times 100 = \dfrac{\dfrac{P_n}{\sqrt{3}\,V} Z_s}{\dfrac{V}{\sqrt{3}}} \times 100 = \dfrac{P_n Z_s}{V^2} \times 100 = \dfrac{I_n}{I_s} \times 100 [\%]$

② %동기임피던스[PU] : $Z_s{'}[PU] = \dfrac{1}{K_s} = \dfrac{P_n Z_s}{V^2} = \dfrac{I_n}{I_s}$ [PU]　　(여기서, K_s는 단락비)

③ 단락비 $K_s = \dfrac{1}{Z_s{'}[PU]} = \dfrac{I_s}{I_n}$

- 단락비가 크다 : 저속기, 수차형
  - 기기 치수가 크고, 손실이 크고, 효율이 낮다.
  - 동기임피던스가 적어 전압변동이 적고 안정도가 우수하다.
  - 전기자 반작용이 적다.

> **핵심예제**
>
> 정격이 10,000[V], 500[A], 역률 90[%]의 3상 동기 발전기의 단락전류 I_s[A]는? 단, 단락비는 1.3으로 하고, 전기자저항은 무시한다.
>
> ① 450 ② 550 ③ 650 ④ 750
>
> | 해설 $Z_s'[PU] = \dfrac{1}{K_s} = \dfrac{P_n Z_s}{V^2} = \dfrac{I_n}{I_s}$ ∴ $\dfrac{1}{K_s} = \dfrac{I_n}{I_s}$
>
> $I_s = K_s \times I_n = 1.3 \times \dfrac{\sqrt{3} \times 10,000 \times 500}{\sqrt{3} \times 10,000} = 650[A]$
>
> ※ $I_n = \dfrac{P}{\sqrt{3}\,V}[A]$
>
> 정답 ▶ ③

(5) 동기발전기의 효율

$$\eta = \frac{출력}{출력+손실} \times 100 = \frac{P\cos\theta}{P\cos\theta + P_l} \times 100[\%]$$

(6) 동기조상기 : 송전선로 전압조정 및 역률개선

- 동기조상기 : 무부하로 운전 중인 동기 전동기의 위상특성곡선 이용하여 무효전력 조정
- 과여자 : 진상전류(콘덴서의 역할)로 운전
- 부족여자 : 지상전류(리액터의 역할)로 운전

동기조상기의 특징은 다음과 같다.

- 전압 조정 : 진·지상으로 조정, 연속적
- 전력손실 : 크다
- 증설 : 불가능
- 시송전(시충전) : 가능

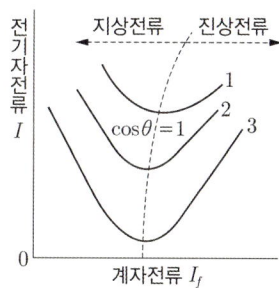

> **핵심예제**
>
> 동기 전동기를 송전선의 전압 조정 및 역률 개선에 사용한 것을 무엇이라 하는가?
>
> ① 동기 이탈 ② 동기 조상기 ③ 댐퍼 ④ 제동권선
>
> 정답 ▶ ②

(7) 동기기 제동권선

- 난조 방지
- 기동토크 발생(동기전동기에만 해당)

> **핵심예제**
>
> 3상 동기기의 제동권선의 역할은?
>
> ① 난조 방지 ② 효율 증가 ③ 출력 증가 ④ 역률 개선
>
> 정답 ▶ ①

3. 변압기

(1) 변압기 명판 : 정격을 나타내는 표기

- 변압기의 정격출력 단위 : [kVA], [MVA] 등
- 변압기 정격 : 2차 측을 기준
  용량, 전류, 전압, 주파수 등
- 정격 : 정해진 규정에 적합한 범위 내에서 사용할 수 있는 한도

변압기 명판에 표시된 정격에 대한 설명으로 틀린 것은?
① 변압기의 정격출력 단위는 [kW]이다.
② 변압기 정격은 2차 측을 기준으로 한다.
③ 변압기의 정격은 용량, 전류, 전압, 주파수 등으로 결정된다.
④ 정격이란 정해진 규정에 적합한 범위 내에서 사용할 수 있는 한도이다.
| 해설 | 변압기의 정격출력 단위 [VA] 또는 [kVA], [MVA]이다.   정답 ▶ ①

(2) 변압기의 유기기전력 $E = 4.44fN\phi_m$ [V]

- 자속 $\phi_m = \dfrac{E}{4.44fN}$ 에서
- 자속은 전압에 비례하고 주파수에 반비례

변압기의 자속에 관한 설명으로 옳은 것은?
① 전압과 주파수에 반비례한다.   ② 전압과 주파수에 비례한다.
③ 전압에 반비례하고, 주파수에 비례한다.   ④ 전압에 비례하고, 주파수에 반비례한다.
정답 ▶ ④

(3) 변압기 절연유(기름) : 절연+냉각

- 절연내력이 클 것
- 점도가 낮고, 냉각효과가 클 것
- 인화점은 높고, 응고점은 낮을 것
- 고온에서 산화하지 않고, 석출물이 생기지 않을 것

변압기 기름의 구비조건이 아닌 것은?
① 절연내력이 클 것   ② 인화점과 응고점이 높을 것
③ 냉각효과가 클 것   ④ 산화현상이 없을 것
정답 ▶ ②

(4) 변압기의 전압변동률

$$\epsilon = \frac{V_{20} - V_{2n}}{V_{2n}} \times 100[\%] = p\cos\theta \pm q\sin\theta \quad (여기서, \ + : 지상, \ - : 진상)$$

여기서, p : %저항강하, q : %리액턴스 강하

변압기 백분율 저항강하가 2[%], 백분율 리액턴스강하가 3[%]일 때 부하역률이 80[%]인 변압기의 전압 변동률[%]은?

① 1.2　　　　② 2.4　　　　③ 3.4　　　　④ 3.6

| 해설 |　$\epsilon = p\cos\theta + q\sin\theta$
　　　　$= 2 \times 0.8 + 3 \times 0.6$
　　　　$= 3.4[\%]$　　　　　　　　　　　　　　　　　정답 ▶ ③

(5) 3상 변압기의 병렬 운전의 결선 조합

병렬 운전 가능	병렬 운전 불가능
△-△와 △-△ Y-Y와 Y-Y Y-△와 Y-△ △-Y와 △-Y △-△와 Y-Y △-Y와 Y-△	Y-Y와 Y-△ Y-△와 △-△ △-△와 △-Y △-Y와 Y-Y

※ Y결선과 △결선과는 30°의 위상차가 존재

3상 변압기의 병렬 운전이 불가능한 결선 방식으로 짝지은 것은?

① △-△와 Y-Y　　　　　　② △-Y와 △-Y
③ Y-Y와 Y-Y　　　　　　④ △-△와 △-Y

| 해설 | Y와 △ 각각의 합계가 홀수인 조합은 병렬 운전이 불가능하다.　　　정답 ▶ ④

(6) V결선 : △-△결선에서 변압기 1대 고장 시 변압기 2대만으로 3상 전력의 공급 가능

① 3상 출력 $P_V = \sqrt{3}\, V_p I_p = \sqrt{3}\, K$　　(여기서, K : 변압기 1대 용량)

② 이용률 $= \dfrac{\sqrt{3}\,K}{2K} \times 100 = 86.6[\%]$

　출력비 $= \dfrac{V결선의\ 출력}{\triangle결선의\ 출력} = \dfrac{\sqrt{3}\,K}{3K} \times 100 = 57.7[\%]$

> **핵심예제**
> △ 결선 변압기의 한 대가 고장으로 제거되어 V결선으로 공급할 때 공급할 수 있는 전력은 고장 전 전력에 대하여 약 몇 [%]인가?
> ① 57.7[%]   ② 66.7[%]   ③ 70.5[%]   ④ 86.6[%]
>
> 정답 ▶ ①

(7) 부흐홀츠 계전기 : 변압기 보호용

- 변압기의 내부 고장으로 발생하는 기름의 유증기 가스(수소) 또는 오일의 흐름을 감지하여 일정한 값 이상의 급격한 흐름이 있을 때 차단기를 트립
- 설치위치 : 변압기 본체(주탱크)와 콘서베이터를 연결하는 파이프 도중
- 발전기나 변압기 내부 고장 보호에 사용되는 계전기 : 비율차동 계전기

> **핵심예제**
> 변압기 내부고장 시 급격한 유류 또는 Gas의 이동이 생기면 동작하는 부흐홀츠 계전기의 설치 위치는?
> ① 변압기 본체   ② 변압기의 고압측 부싱
> ③ 컨서베이터 내부   ④ 변압기 본체와 컨서베이터를 연결하는 파이프
>
> 정답 ▶ ④

(8) 규약 효율

- $\eta = \dfrac{\text{출력}}{\text{출력}+\text{손실}} \times 100[\%]$ (발전기, 변압기)

- $\eta = \dfrac{\text{입력}-\text{손실}}{\text{입력}} \times 100[\%]$ (전동기)

(9) 아크 용접용 변압기(누설변압기)

- 정전류특성(수하특성)
- 누설 리액턴스가 큰 형태
- 2차 전류 증가 시 : 누설자속이 증가하여 2차 전압이 감소하여 2차측 전류 감소
- 2차 전류 감소 시 : 누설자속이 감소하여 2차 전압이 증가하여 2차측 전류 증가

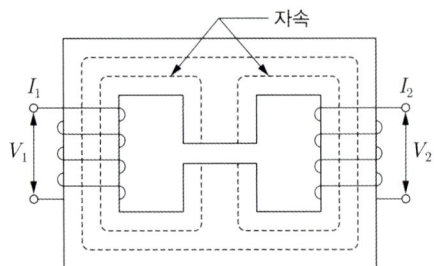

> **핵심예제**
> 아크 용접용 변압기가 일반 전력용 변압기와 다른 점은?
> ① 권선의 저항이 크다.   ② 누설 리액턴스가 크다.
> ③ 효율이 높다.   ④ 역률이 좋다.
>
> 정답 ▶ ②

(10) 주상변압기 탭 조정 : 1차 탭(Tap)을 통하여 2차측 전압 조정
- 1차 탭을 올리면 2차 전압 감소
- 1차 탭을 낮추면 2차 전압 상승

4. 유도기

(1) 슬립 $s = \dfrac{N_s - N}{N_s}$

여기서, 고정자속도 $N_s = \dfrac{120f}{p}$ [rpm]

① 유도전동기 : $0 < s < 1$

② 유도발전기($N_s < N$) : $s < 0$

③ 유도제동기(역회전) : $1 < s < 2$

④ 전부하 속도

슬립 $s = \dfrac{N_s - N}{N_s}$ 에서 $sN_s = N_s - N$ 이므로

전부하속도 $N = (1-s)N_s$ [rpm]

여기서, $s = 0$ 이면 회전속도가 동기속도와 같다는 것

$s = 1$ 이면 전동기는 정지

> **핵심예제**
> 60[Hz], 4극 유도 전동기가 1,700[rpm]으로 회전하고 있다. 이 전동기의 슬립은 약 얼마인가?
> ① 3.42[%]   ② 4.56[%]   ③ 5.56[%]   ④ 6.64[%]
>
> | 해설 | 고정자 속도 $N_s = \dfrac{120f}{p} = \dfrac{120 \times 60}{4} = 1,800$ [rpm]
>
> 슬립 $s = \dfrac{N_s - N}{N_s} = \dfrac{1,800 - 1,700}{1,800} \times 100 ≒ 5.56[\%]$
>
> 정답 ▶ ③

(2) 3상 유도전동기 전력변환

출력(P_0) = 2차 입력(P_2) − 2차 동손(P_{c2})

$P_0 = P_2 - P_{c2} = P_2 - sP_2 = (1-s)P_2$

> **핵심 예제**
> 출력 10[kW], 슬립 4[%]로 운전되고 있는 3상 유도 전동기의 2차 동손은 약 몇 [W]인가?
> ① 250 ② 315 ③ 417 ④ 620
>
> |해설| 2차 출력 $P_0 = (1-s)P_2$[W]에서 $P_2 = \dfrac{1}{1-s}P_0$ 이므로
> $\therefore P_{c2} = sP_2 = \dfrac{s}{1-s}P_0 = \dfrac{0.04 \times 10 \times 10^3}{1-0.04} \fallingdotseq 417[W]$
> 정답 ▶ ③

(3) 비례추이의 원리 : 권선형 유도전동기

토크 속도 곡선이 2차 합성저항에 비례해서 이동하는 것

- 최대 토크는 불변, 최대 토크의 발생 슬립은 변화
- 기동 전류는 감소하고, 기동 토크는 증가
- $\dfrac{r_2}{s} = \dfrac{r_2 + R}{s'}$
- 비례추이 할 수 있는 특성 : 1차 전류, 2차 전류, 역률, 동기 와트
- 비례추이 할 수 없는 특성 : 출력, 2차 동손, 효율 등

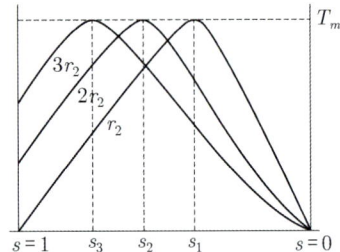

> **핵심 예제**
> 다음 중 유도전동기에서 비례추이를 할 수 있는 것은?
> ① 출력 ② 2차 동손 ③ 효율 ④ 역률
> 정답 ▶ ④

(4) 농형 유도전동기의 기동법

- 전전압 기동(직입기동) : 5[kW] 이하의 소형
- Y-△기동 : 기동전류 제한을 위해 (5~15[kW] 정도)
  기동전류 : 1/3, 기동전압 : $1/\sqrt{3}$
- 기동보상기법 : 단권변압기를 이용한 감전압 기동, 15[kW] 이상
- 리액터기동 : 전동기에 직렬로 리액터를 설치하여 감전압 기동
※ 2차 저항기동은 권선형 유도전동기의 기동법이다.

> **핵심 예제**
>
> 다음 농형유도 전동기의 기동법과 가장 거리가 먼 것은?
> ① 기동보상기법   ② 2차 저항 기동법
> ③ 전전압 기동법   ④ Y − △ 기동법
>
> 정답 ▶ ②

(5) 제동법

- 발전제동 : 운전 중의 전동기를 전원에서 분리하여 단자에 적당한 저항을 접속하고 이것을 발전기로 동작시켜 부하 전류를 저항에서 열로 소비하여 제동
- 회생제동 : 전동기를 발전기로 동작시켜 그 유도기전력을 전원 전압보다 크게 함으로써 전력을 전원에 되돌려 보내면서 제동시키는 경제적인 방법
- 역상제동(플러깅) : 3상 중 2상의 접속을 변경하여 회전 방향과 반대의 토크를 발생시켜 급정지 시키는 방법

> **핵심 예제**
>
> 전동기의 제동에서 전동기가 가지는 운동에너지를 전기에너지로 변환시키고 이것을 전원에 반환하여 전력을 회생시킴과 동시에 제동하는 방법은?
> ① 발전제동(dynamic braking)   ② 역전제동(plugging braking)
> ③ 맴돌이전류제동(eddy current braking)   ④ 회생제동(regenerative braking)
>
> 정답 ▶ ④

(6) 단상유도전동기(기동 토크가 큰 순서)

반발 기동형 > 반발 유도형 > 콘덴서 기동형 > 분상 기동형 > 셰이딩코일형 > 모노사이클릭형

> **핵심 예제**
>
> 단상 유도 전동기의 기동 방법 중 기동 토크가 가장 큰 것은?
> ① 분상 기동형   ② 반발 유도형   ③ 콘덴서 기동형   ④ 반발 기동형
>
> 정답 ▶ ④

(7) 콘덴서 기동형 특징

- 기동토크가 크고 기동전류가 적다.
- 역률 및 효율이 좋다.
- 소음도 적다.
  → 역률이 좋아 가정용 전기기기(선풍기, 세탁기, 냉장고) 등에 사용

> **핵심 예제**
>
> 역률이 좋아 가정용 선풍기, 세탁기, 냉장고 등에 주로 사용되는 것은?
> ① 분상 기동형   ② 콘덴서 기동형   ③ 반발 기동형   ④ 셰이딩 코일형
>
> 정답 ▶ ②

5. 정류기

(1) 전력변환장치

- 정류기(컨버터) : 교류를 직류로 변환
- 인버터(Inverter) : 직류를 교류로 변환
- 사이클로 컨버터 : 교류를 가변주파수의 교류로 변환
- 초퍼(chopper) : 직류를 직류로 변환

> **핵심예제**
> 교류 전동기를 직류 전동기처럼 속도 제어하려면 가변 주파수의 전원이 필요하다. 주파수 f_1에서 직류로 변환하지 않고 바로 주파수 f_2로 변환하는 변환기는?
> ① 사이클로 컨버터　　　② 주파수원 인버터
> ③ 전압·전류원 인버터　　④ 사이리스터 컨버터
>
> 정답 ▶ ①

(2) 전력용 다이오드

- 다이오드(Diode) : 정류용
- 제너 다이오드(Zener diode) : 전원 전압을 일정하게 유지
- 가변 용량 다이오드 : 바렉터 다이오드
- 발광다이오드(LED) : 순방향의 전압을 인가하면 빛을 발하는 다이오드

※ 애벌런치 항복 전압
- 역바이어스된 pn접합에서 자유전자가 기하급수적으로 늘어나는 현상
- 온도 혹은 농도가 증가하면 항복 전압도 증가한다.

> **핵심예제**
> 다이오드를 사용한 정류회로에서 다이오드를 여러 개 직렬로 연결하여 사용하는 경우의 설명으로 가장 옳은 것은?
> ① 다이오드를 과전류로부터 보호할 수 있다.
> ② 다이오드를 과전압으로부터 보호할 수 있다.
> ③ 부하출력의 맥동률을 감소시킬 수 있다.
> ④ 낮은 전압 전류에 적합하다.
>
> 정답 ▶ ②

(3) GTO(Gate Turn-off Thyristor)

- 역저지 3극 사이리스터
- 게이트에 흐르는 전류를 점호할 때의 전류와 반대 방향의 전류를 흐르게 함으로써 소호가 가능
- 자기소호 기능이 있는 사이리스터

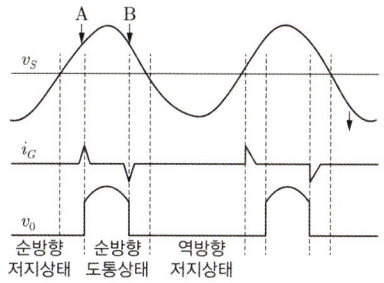

> **핵심예제**
>
> 다음 중 턴오프(소호)가 가능한 소자는?
>
> ① GTO   ② TRIAC   ③ SCR   ④ LASCR
>
> 정답 ▶ ①

(4) TRIAC(Triode Switch for AC)

- 양방향 3단자 소자
- SCR 역병렬 구조
- 교류 전력 제어용으로 사용
- 과전압에도 파괴되지 않음

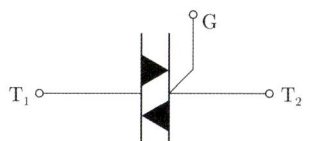

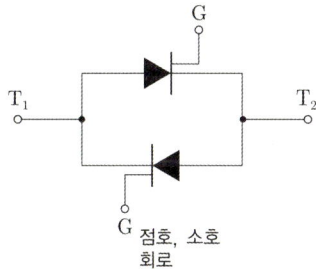

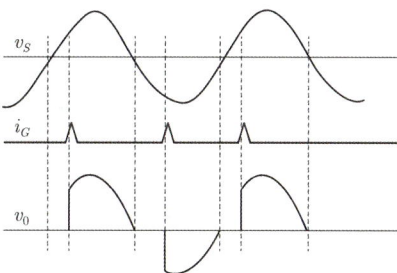

> **핵심예제**
>
> 양방향으로 전류를 흘릴 수 있는 양방향 소자는?
>
> ① SCR   ② GTO   ③ TRIAC   ④ MOSFET
>
> 정답 ▶ ③

(5) 사이리스터 단자별 정리

① 단자별
- 2단자 : DIAC, SSS
- 3단자 : SCR, GTO, LASCR, TRIAC
- 4단자 : SCS

② 방향별
- 단방향 : SCR, GTO, LASCR, SCS
- 양방향 : DIAC, SSS, TRIAC

다음 사이리스터 중 3단자 형식이 아닌 것은?
① SCR   ② GTO   ③ DIAC   ④ TRIAC

정답 ▶ ③

(6) 다이오드 정류기 직류 측 전압
- 단상 반파 정류회로 : $E_{do} = 0.45E$ [V]
- 단상 전파 정류회로 : $E_{do} = 0.9E$ [V]
- 3상 반파 정류회로 : $E_{do} = 1.17E$ [V]
- 3상 전파 정류회로 : $E_{do} = 1.35E$ [V]

단상 전파 정류회로에서 직류 전압의 평균값으로 가장 적당한 값은? 단, E는 교류전압의 실횻값
① $1.35E$ [V]   ② $1.17E$ [V]   ③ $0.9E$ [V]   ④ $0.45E$ [V]

정답 ▶ ③

(7) 반파 정류회로에서 직류측 전압

$$E_d = \frac{\sqrt{2}\,E}{\pi} = 0.45E \quad \text{여기서, } E\text{는 전원전압}$$

직류측 전류 $I_d = \dfrac{E_d}{R} = \dfrac{\sqrt{2}}{\pi} \times \dfrac{E}{R} = 0.45\dfrac{E}{R}$

(8) 맥동률 = $\dfrac{\text{교류분}}{\text{직류분}} \times 100 = \sqrt{\dfrac{\text{실횻값}^2 - \text{평균값}^2}{\text{평균값}^2}} \times 100$ [%]

※ 정류회로 비교

구분	단상반파	단상전파	3상반파	3상전파
직류전압	$E_d = 0.45E$	$E_d = 0.9E$	$E_d = 1.17E$	$E_d = 1.35E$
맥동주파수	f	2f	3f	6f
맥동률	121[%]	48[%]	17[%]	4[%]

> **핵심예제**
>
> 60[Hz] 3상 반파 정류 회로의 맥동 주파수[Hz]는?
>
> ① 360 ② 180 ③ 120 ④ 60
>
> | 해설 | 3상 반파 정류 맥동주파수
> $3f = 3 \times 60 = 180$
>
> 정답 ▶ ②

(9) 접지(ground, earth)

- 전기 회로나 전기 기기를 도체로 대지에 연결하는 것
- 이상 전압 발생 시에도 고장 전류를 대지로 흘려보내, 대지와 같은 전위로 유지하여 기기와 인체를 보호하기 위해 시설
- 접지의 목적
  - 대지전압 상승 방지
  - 감전 방지
  - 화재와 폭발 사고 방지

4 전기설비 주요 정리

1. 공구 및 재료

(1) 오스터
　① 용도 : 금속관 끝에 나사를 내는 공구
　② 구성 : 래칫(ratchet)과 다이스(dise)

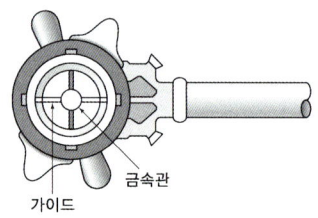

(2) 클리퍼 : 굵은 전선을 절단할 때 사용하는 가위

(3) 와이어 스트리퍼 : 절연전선의 피복 절연물을 벗기는 공구

(4) 스프링 와셔 또는 2중 너트
　기계기구 단자를 접속하는 경우에 진동 등으로 인하여 헐거워질 염려가 있는 곳에 사용

(5) 금속관의 1본의 길이 : 3.66[m]

종류	관의 규격[mm]
후강전선관(짝수, 내경, G)	16 22 28 36 42 54 70 82 92 104
박강전선관(홀수, 외경, C)	19 25 31 39 51 63 75

금속 전선관 공사에서 사용되는 후강 전선관의 규격이 아닌 것은?
① 16   ② 28   ③ 36   ④ 50

정답 ▶ ④

(6) 와이어 커넥터(Wire Connecter)

- 두 전선의 피복을 벗기고 커넥터의 안쪽에 삽입한 후 시계방향으로 비틀어 전선을 접속하는 재료
- 정션 박스(Junction Box : 접속박스) 내에서 사용하고 접속이 완료되면 와이어 커넥터를 위로 향하게 함.

(7) 금속관 공사 부품

명칭	사용 용도
로크너트(lock nut)	관과 박스를 접속하는 경우
부싱(bushing)	전선 관단에 끼우고 전선을 넣거나 빼는 데 있어서 전선의 피복을 보호하여 전선이 손상되지 않게 하는 것
링 리듀서	금속을 아웃트렛 박스의 로크 아웃에 취부할 때 록 아웃의 구멍이 관의 구멍보다 클 때 사용
엔트런스 캡(우에사캡) (entrance cap)	인입구, 인출구의 관단에 설치하여 금속관에 접속하여 옥외의 빗물을 막는 데 사용

금속전선관 공사에서 금속관과 접속함을 접속하는 경우 녹아웃 구멍이 금속관보다 클 때 사용하는 부품은?
① 록너트(로크너트)   ② 부싱
③ 새들   ④ 링 리듀서

정답 ▶ ④

(8) 저항 측정

① 저 저항 측정 (1 [Ω] 이하)

켈빈 더블 브리지법 : 저 저항 정밀 측정에 사용, 굵은 나전선의 저항측정

② 중 저항 측정

전압 강하법 : 백열전구의 필라멘트 저항 측정 등에 사용

휘스톤 브리지법 : 검류계 내부저항, 수천 옴의 가는 전선의 저항

③ 특수 저항 측정

콜라우시 브리지법 : 접지저항 측정, 전해액의 저항 측정

④ 메거(megger) : 절연저항측정

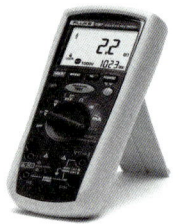

(9) KS C 8431 경질폴리염화비닐전선관(PVC(Polyvinyl chloride pipe))
- 1본의 길이 : 4[m]
- 규격[mm] : 14, 16, 22, 28, 36, 42, 54, 70, 82, 100

> **핵심예제**
> 경질 비닐 전선관 1본의 표준 길이[m]는?
> ① 3　　② 3.6　　③ 4　　④ 5.5
> 정답 ▶ ③

(10) 터미널 캡(terminal cap)
- 전동기에 접속하는 장소나 애자공사로 옮기는 장소의 관단에 사용

(11) 엔트런스 캡(우에사캡)(entrance cap)
- 인입구, 인출구의 관 끝에 설치하여 금속관에 접속하여 옥외의 빗물을 막는 데 사용

명칭	그림	용도
엔트런스 캡		인입구, 인출구의 금속관 관단에 설치하여 빗물 침입 방지, 금속관 공사에서 수직배관의 상부에 사용되어 비의 침입을 막는 데 가장 좋은 부품
터미널 캡 (서비스캡)		저압 가공 인입선에서 금속관 공사로 옮겨지는 곳 또는 금속관으로부터 전선을 뽑아 전동기 단자 부분에 접속할 때 사용. A형, B형이 있다.

※ 금속관을 구부릴 때에는 금속관의 단면이 심하게 변형되지 않도록 구부려야 하며, 직각으로 구부릴 때에는 관의 곡률 반지름을 관 안지름의 6배 이상으로 해야 한다.

(12) 전선의 접속
- 트위스트 접속 : 6[mm²] 이하

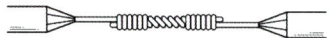

- 브리타니아 접속 : 10[mm²] 이상

(13) 전선의 구성

① 단선 : 소선수가 하나인 전선으로 전선의 직경인 [mm]로 표시

② 연선 : 여러 개의 소선이 하나의 전선을 이루고 있는 전선으로 [N/d]로 표시
전선의 굵기는 [mm²]으로 사용 (여기서, N은 소선의 총수이고 d는 소선의 직경)

※ 전선의 공칭단면적은 전선을 구성하는 도체의 굵기이며, 따라서 전선의 실제 단면적과 같지 않다. 실제 전선의 단면적은 도체의 굵기 + 절연피복물의 굵기를 포함

절연전선의 종류와 약호

종류	약호
일반용 단심 비닐절연전선	NR
일반용 유연성 단심비닐절연전선	NF
고무절연 비닐 시스 네온전선	NRV
폴리에틸렌 절연 비닐 네온전선	NEV
형광방전등용 비닐전선	FL
인입용 비닐절연전선	DV
옥외용 비닐절연전선	OW

(14) 전선의 구비조건

- 도전율이 클 것(고유저항이 적을 것), 허용전류가 클 것
- 기계적 강도가 클 것
- 비중(밀도)이 작을 것
- 가선공사(접속)가 쉬울 것
- 부식성이 작을 것
- 유연성(가공성)이 좋을 것
- 경제적일 것

> **핵심예제**
> 전선의 재료로서 구비해야 할 조건이 아닌 것은?
> ① 기계적 강도가 클 것　　② 가요성이 풍부할 것
> ③ 고유저항이 클 것　　　　④ 비중이 작을 것
>
> 정답 ▶ ③

(15) 멀티 탭 : 하나의 콘센트에 두 개 이상의 기구를 사용할 때

(16) S형 슬리브

- S형 슬리브는 단선, 연선 어느 것에도 사용
- 도체는 샌드페이퍼 등을 사용하여 충분히 닦은 후 접속할 것(칼로는 잘 닦아지지 않으며 전선이 손상될 우려가 있다).
- 전선의 끝은 슬리브의 끝에서 조금 나오도록
- 슬리브는 전선의 굵기에 적합한 것을 선정
- 열린 쪽 홈의 측면을 펜치 등으로 고르게 눌러서 밀착

S형 슬리브를 사용하여 전선을 접속하는 경우의 유의사항이 아닌 것은?
① 전선은 연선만 사용이 가능하다.
② 전선의 끝은 슬리브의 끝에서 조금 나오는 것이 좋다.
③ 슬리브는 전선의 굵기에 적합한 것을 사용한다.
④ 도체는 샌드페이퍼 등으로 닦아서 사용한다.

정답 ▶ ①

(17) 관의 굽힘 작업

- 금속관 : 파이프 밴더나 히키
- 합성수지관 : 토치램프나 스프링 밴더

금속관 배관공사를 할 때 금속관을 구부리는 데 사용하는 공구는?
① 히키(hickey)　　　　② 파이프렌치(pipe wrench)
③ 오스터(oster)　　　　④ 파이프 커터(pipe cuter)

정답 ▶ ①

2. KEC(한국전기설비규정)

(1) KEC 142.2조 접지극의 시설 및 접지저항

- **접지극은 지표면으로부터 지하 0.75[m] 이상**(동결 깊이 감안 매설 깊이 결정)
- 접지도체를 철주 기타의 금속체를 따라서 시설하는 경우에는 접지극을 철주의 밑면으로부터 0.3[m] 이상의 깊이에 매설하는 경우 이외에는 **접지극을 지중에서 그 금속체로부터 1[m] 이상** 떼어 매설
- **접지도체는 지하 0.75[m] 부터 지표 상 2[m] 까지 부분은 합성수지관**(두께 2[mm] 미만의 합성수지제 전선관 및 가연성 콤바인덕트관은 제외한다) 또는 이와 동등 이상의 절연효과와 강도를 가지는 몰드로 덮을 것
- 접지도체는 절연전선(옥외용 비닐절연전선은 제외) 또는 케이블

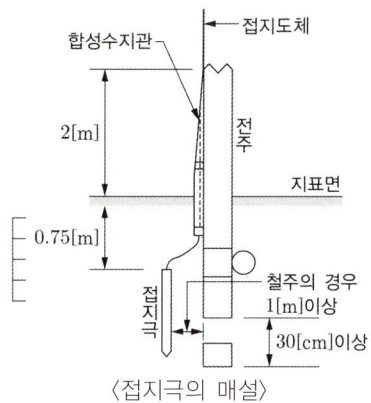

〈접지극의 매설〉

접지공사에 사용하는 접지도체를 사람이 접촉할 우려가 있는 곳에 시설하는 경우 접지극은 지하 몇 [m] 이상의 깊이에 매설하여야 하는가?

① 0.3[m] ② 0.6[m] ③ 0.75[m] ④ 0.9[m]

정답 ▶ ③

(2) KEC 221.1.2조 연접인입선 시설

한 수용장소의 인입선에서 분기하여 지지물을 거치지 아니하고 다른 수용장소의 인입구에 이르는 부분의 전선

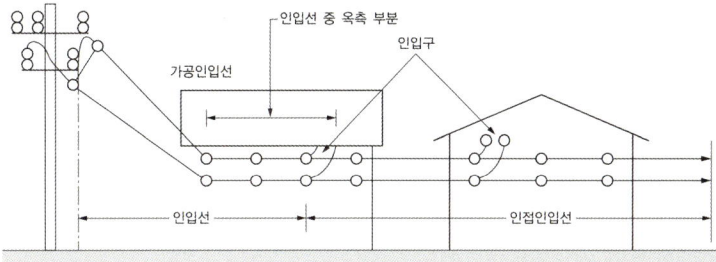

① 인입선에서 분기하는 점으로부터 100[m]를 초과하는 지역에 미치지 아니할 것
② 폭 5[m]를 초과하는 도로를 횡단하지 아니할 것
③ 옥내를 통과하지 아니할 것
④ 고압 및 특고압 연접인입선은 시설금지

저압 연접 인입선은 인입선에서 분기하는 점으로부터 몇 [m]를 넘지 않은 지역에 시설하고 폭 몇 [m] 넘는 도로를 횡단하지 않아야 하는가?

① 50[m], 4[m] ② 100[m], 5[m]
③ 150[m], 6[m] ④ 200[m], 8[m]

정답 ▶ ②

(3) KEC 221.1.1조 저압 가공인입선의 시설
- 인장강도 2.30[kN] 이상의 것 또는 지름 2.6[mm] 이상의 인입용 비닐절연전선일 것 (케이블 제외). 다만, 경간이 15[m] 이하인 경우는 인장강도 1.25[kN] 이상의 것 또는 지름 2[mm] 이상의 인입용 비닐절연전선일 것
- 전선은 절연전선, 다심형 전선 또는 케이블일 것
- 전선의 높이는 다음에 의할 것
  - 도로를 횡단하는 경우에는 노면상 5[m](교통에 지장이 없을 때에는 3[m]) 이상
  - 철도 또는 궤도를 횡단하는 경우에는 레일면상 6.5[m] 이상
  - 횡단보도교의 위에 시설하는 경우에는 노면상 3[m] 이상
  - 위의 경우 이외에는 지표상 4[m](기술상 부득이한 경우에 교통에 지장이 없을 때에는 2.5[m]) 이상

일반적으로 저압가공 인입선이 도로를 횡단하는 경우 노면상 높이는?
① 4[m] 이상   ② 5[m] 이상   ③ 6[m] 이상   ④ 6.5[m] 이상
정답 ▶ ②

(4) KEC 232.51조 케이블공사
- 전선 : 케이블, 캡타이어 케이블
- 지지점 간 거리
  - 조영재에 붙이는 경우 2[m](사람의 접촉우려가 없고 수직 6[m])
  - 캡타이어 케이블 : 1[m] 이하
- 접지공사 할 것

캡타이어 케이블의 조영재의 옆면에 따라 시설하는 경우 지지점 간의 거리는 얼마 이하로 하는가?
① 2[m]   ② 3[m]   ③ 1[m]   ④ 1.5[m]
정답 ▶ ③

(5) KEC 242.2, 242.3조 폭연성 분진위험장소 및 가연성 가스 등의 위험 장소
- 폭연성 분진, 화약류 분말, 가연성 가스 : 금속관 공사 또는 케이블 공사
  여기서, 폭연성 분진은 마그네슘·알루미늄·티탄·지르코늄 등의 먼지가 쌓여 있는 상태에서 불이 붙었을 때에 폭발할 우려
- 가연성 분진 : 금속관공사, 합성수지관공사, 케이블 공사
  여기서, 가연성 분진은 소맥분·전분·유황 기타 가연성의 먼지로 공중에 떠다니는 상태에서 착화하였을 때에 폭발할 우려가 있는 것

- 금속관공사에 의하는 때에는 다음에 의하여 시설할 것.
  - 금속관은 박강 전선관(薄鋼電線管) 또는 이와 동등 이상의 강도를 가지는 것일 것.
  - 관 상호 간 및 관과 박스 기타의 부속품·풀박스 또는 전기기계기구와는 5턱 이상 나사조임으로 접속하는 방법 기타 이와 동등 이상의 효력이 있는 방법에 의하여 견고하게 접속하 또한 내부에 먼지가 침입하지 아니하도록 접속할 것.

> 티탄을 제조하는 공장으로 먼지가 쌓여진 상태에서 착화된 때에 폭발할 우려가 있는 곳에 저압 옥내배선을 설치하고자 한다. 알맞은 공사 방법은?
> ① 합성수지 몰드공사   ② 라이팅 덕트공사
> ③ 금속 몰드공사   ④ 금속관 공사
>
> 정답 ▶ ④

(7) KEC 232.11조 합성수지관공사

- 관 삽입 깊이 : 관 바깥지름의 1.2배(접착제를 사용하는 경우 0.8배)
- 관의 지지점 간 거리(새들 등으로 지지) : 1.5[m] 이하
- 방습장치 시설

> 합성수지관 상호 및 관과 박스는 접속 시에 삽입하는 깊이를 관 바깥지름의 몇 배 이상으로 하여야 하는가? 단, 접착제를 사용하지 않은 경우이다.
> ① 0.2   ② 0.5   ③ 1.0   ④ 1.2
>
> 정답 ▶ ④

(8) KEC 334.1조 지중선선로의 시설

- 지중 전선로 : 케이블
- 직접매설식·관로식·암거식에 의하여 시설
- 지중 전선로를 직접 매설식에 의하여 시설하는 경우 매설 깊이
  - 차량 기타 중량물의 압력을 받을 우려가 있는 장소 : 1.0[m] 이상
  - 기타 장소 : 0.6[m] 이상

> 차량 기타 중량물의 하중을 받을 우려가 있는 장소에 지중선로를 직접 매설식으로 매설하는 경우 매설 깊이는?
> ① 0.6[m] 미만   ② 0.6[m] 이상
> ③ 1[m] 미만   ④ 1[m] 이상
>
> 정답 ▶ ④

(9) KEC 123조 전선의 접속
- 전선의 세기(인장강도, 기계적강도)을 20[%] 이상 감소시키지 말 것
- 전기 저항을 증가시키지 말 것
- 접속 부분에 전기적 부식이 생기지 않도록 할 것
- 케이블과 접속하는 경우에는 접속부분을 절연 전선의 절연물과 동등 이상의 절연 효력이 있는 것으로 충분히 피복할 것

전선 접속에 관한 설명으로 틀린 것은?
① 접속 부분의 전기 저항을 증가시켜서는 안 된다.
② 전선의 세기를 20[%] 이상 유지해야 한다.
③ 접속 부분은 납땜을 한다.
④ 절연은 원래의 절연효력이 있는 테이프로 충분히 한다.

정답 ▶ ②

(10) KEC 232.22조 금속몰드공사
- 전선은 절연전선(옥외용 비닐절연 전선을 제외한다)일 것.
- 금속몰드 안에는 전선에 접속점이 없도록 할 것. 다만, 「전기용품 및 생활용품 안전 관리법」에 의한 금속제 조인트 박스를 사용할 경우에는 접속할 수 있다.
- 금속몰드의 사용전압이 400[V] 이하로 옥내의 건조한 장소로 전개된 장소 또는 점검할 수 있는 은폐장소에 한하여 시설할 수 있다.

금속몰드공사 시 사용전압은 몇 [V] 이하이어야 하는가?
① 100 ② 200 ③ 300 ④ 400

정답 ▶ ④

(11) KEC 242.5조 화약류 저장소에서 전기설비의 시설
화약류 저장소 안에는 백열전등이나 형광등 또는 이에 전기를 공급하기 위한 공작물에 한하여 다음과 같이 시설할 수 있다.
- 전로의 대지 전압은 300[V] 이하일 것
- 전기 기계 기구는 전폐형의 것일 것
- 전용의 개폐기 및 과전류 차단기를 화약류 저장소 이외의 곳에 취급자 이외의 자가 쉽게 조작할 수 없도록 시설하고 전로에 지기가 생길 때에 자동적으로 전로를 차단하거나 경보하는 장치 시설
- 전용의 개폐기 또는 과전류 차단기에서 화약류 저장소 인입구까지의 배선에는 케이블을 사용하여 지중에 시설하여야 한다.

> **핵심예제**
> 화약고 등의 위험장소에서 전기설비 시설에 관한 내용으로 옳은 것은?
> ① 전로의 대지전압은 400[V] 이하일 것
> ② 전기기계기구는 전폐형을 사용할 것
> ③ 화약고 내의 전기설비는 화약고 장소에 전용개폐기 및 과전류차단기를 시설할 것
> ④ 개폐기 및 과전류차단기에서 화약고 인입구까지의 배선은 케이블 배선으로 노출로 시설할 것
>
> 정답 ▶ ②

(12) KEC 331.7조 가공전선로 지지물의 기초의 안전율

강관을 주체로 하는 철주 또는 철근 콘크리트주로서 그 전체 길이가 16[m] 이하, 설계하중이 6.8[kN] 이하인 것

- 전체의 길이가 15[m] 이하인 경우는 땅에 묻히는 깊이를 전체길이의 6분의 1 이상
- 전체의 길이가 15[m]를 초과하는 경우는 땅에 묻히는 깊이를 2.5[m] 이상 할 것

> **핵심예제**
> 전주의 길이가 16[m]인 지지물을 건주하는 경우에 땅에 묻히는 최소 깊이는 몇 [m]인가? 단, 설계하중은 6.8[kN] 이하이다.
> ① 1.5　　② 2.0　　③ 2.5　　④ 3.5
>
> 정답 ▶ ③

(13) KEC 234.15조 교통신호등 사용전압

교통신호등 제어장치의 2차측 배선의 최대사용전압은 300[V] 이하이어야 한다.

> **핵심예제**
> 교통신호등의 제어장치로부터 신호등의 전구까지의 전로에 사용하는 전압은 몇 [V] 이하인가?
> ① 60　　② 100　　③ 200　　④ 300
>
> 정답 ▶ ④

(14) KEC 331.4조 가공전선로 지지물의 철탑오름 및 전주오름 방지

가공전선로의 지지물에 취급자가 오르고 내리는 데 사용하는 발판 볼트 등을 지표상 1.8[m] 미만에 시설하여서는 아니 된다.

> **핵심예제**
> 가공전선의 지지물에 오르고 내리는 데 사용하는 발판 볼트 등은 지표상 몇 [m] 미만에 시설하여서는 안되는가?
> ① 1.2[m]　　② 1.5[m]　　③ 1.6[m]　　④ 1.8[m]
>
> 정답 ▶ ④

(15) KEC 335.1조 사람이 상시 통행하는 터널 안 전선로의 시설

사람이 상시 통행하는 터널 안의 전선로 사용전압은 저압 또는 고압에 한하며, 합성수지관공사, 금속관공사, 금속제 가요전선관공사, 케이블공사에 의한다.

사람이 상시 통행하는 터널 내 배선의 사용 전압이 저압일 때 배선 방법으로 틀린 것은?
① 금속관공사　　　　　　　　② 금속덕트공사
③ 합성수지관공사　　　　　　④ 금속제 가요전선관공사

정답 ▶ ②

(16) KEC 341.11조 과전류 차단기의 시설 제한

- 접지공사의 접지도체
- 다선식 전로의 중성선
- 전로의 일부에 접지공사를 한 저압 가공선로의 접지 측 전선

다음 중 차단기를 시설해야 하는 곳으로 가장 적당한 것은?
① 고압에서 저압으로 변성하는 2차 측의 저압 측 전선
② 접지공사를 한 저압 가공 전선로의 접지 측 전선
③ 다선식 전로의 중성선
④ 접지공사의 접지도체

정답 ▶ ①

(17) KEC 232.31조 금속덕트공사

- 전선은 절연전선(옥외용 비닐절연전선을 제외한다)일 것
- 금속덕트에 넣은 전선의 단면적(절연피복의 단면적을 포함한다)의 합계는 덕트의 내부 단면적의 20[%](전광표시장치 기타 이와 유사한 장치 또는 제어회로 등의 배선만을 넣는 경우에는 50[%]) 이하일 것
- 금속덕트 안에는 전선에 접속점이 없도록 할 것. 다만, 전선을 분기하는 경우에는 그 접속점을 쉽게 점검할 수 있는 때에는 그러하지 아니하다.

금속 덕트에 넣은 전선의 단면적(절연피복의 단면적 포함)의 합계는 덕트 내부 단면적의 몇 [%] 이하로 하여야 하는가? 단, 전광표시 장치 기타 이와 유사한 장치 또는 제어회로 등의 배선만을 넣는 경우가 아니다.
① 20[%]　　② 40[%]　　③ 60[%]　　④ 80[%]

정답 ▶ ①

(18) KEC 232.32조 플로어덕트공사

- 플로어덕트 안에는 전선에 접속점이 없도록 할 것. 다만, 전선을 분기하는 경우에 접속점을 쉽게 점검할 수 있을 때에는 그러하지 아니하다.
- 덕트 상호 간 및 덕트와 박스 및 인출구와는 견고하고 또한 전기적으로 완전하게 접속할 것
- 덕트 및 박스 기타의 부속품은 물이 고이는 부분이 없도록 시설하여야 한다.
- 박스 및 인출구는 마루 위로 돌출하지 아니하도록 시설하고 또한 물이 스며들지 아니하도록 밀봉할 것
- 덕트의 끝부분은 막을 것

플로어 덕트 공사의 설명 중 틀린 것은?
① 덕트의 끝 부분은 막는다.
② 덕트 안에는 전선을 접속할 수 있는 기구를 설치한다.
③ 덕트 상호 간 접속은 견고하고 전기적으로 완전하게 접속하여야 한다.
④ 덕트 및 박스 기타 부속품은 물이 고이는 부분이 없도록 시설하여야 한다.

정답 ▶ ②

(19) KEC 234.6조 점멸기의 시설

- 주택의 현관 등에 설치하는 타임스위치는 3분 이내 소등
- 호텔, 여관 등의 객실 입구에 설치하는 타임스위치는 1분 이내 소등

(20) KEC 242.6조 전시회, 쇼 및 공연장의 전기설비

- 무대·무대마루 밑·오케스트라 박스·영사실 기타 사람이나 무대 도구가 접촉할 우려가 있는 곳에 시설하는 저압 옥내배선, 전구선 또는 이동전선은 사용전압이 400[V] 이하
- 비상 조명을 제외한 조명용 분기회로 및 정격 32[A] 이하의 콘센트용 분기회로는 정격 감도 전류 30[mA] 이하의 누전차단기로 보호하여야 한다.

무대 및 무대마루 및 공연장의 전로에는 전용 개폐기 및 과전류 차단기를 시설하여야 한다. 조명용 분기회로 및 정격 전류 32[A] 이하의 콘센트용 분기회로는 정격 감도 전류 몇 [mA] 이하의 누전차단기로 보호하여야 하는가?
① 15 ② 25 ③ 30 ④ 40

정답 ▶ ③

(21) KEC 332.2조 가공케이블의 시설

- 케이블은 조가용선에 행거로 시설할 것. 이 경우에는 사용전압이 고압인 때에는 행거의 간격은 0.5[m] 이하로 하는 것이 좋다. 조가용선의 케이블에 접촉시켜 그 위에 쉽게 부식하지 아니하는 금속 테이프 등을 0.2[m] 이하의 간격을 유지

- 조가용선은 인장강도 5.93[kN] 이상의 것 또는 단면적 22[㎟] 이상인 아연도강연선일 것
- 조가용선 및 케이블의 피복에 사용하는 금속체에는 접지공사를 할 것

> 가공전선에 케이블을 사용하는 경우에는 케이블은 조가용선에 행거를 사용하여 조가한다. 사용전압이 고압일 경우 그 행거의 간격은?
> ① 0.5[m] 이하　② 0.5[m] 이상　③ 0.75[m] 이하　④ 0.75[m] 이상
> 정답 ▶ ①

(22) KEC 212.4.2조 저압 옥내 과부하 보호장치의 설치 위치

과부하 보호장치는 전로 중 도체의 단면적, 특성, 설치방법, 구성의 변경으로 도체의 허용전류 값이 줄어드는 곳(이하 분기점이라 함)에 설치해야 한다.

(23) KEC 232.56조 애자공사

- 전선은 절연전선(옥외용 비닐 절연전선 및 인입용 비닐 절연전선을 제외한다)일 것
- 전선 상호 간의 간격은 0.06[m] 이상일 것
- 전선과 조영재 사이의 이격거리는 사용전압이 400[V] 이하인 경우에는 25[㎜] 이상, 400[V] 초과인 경우에는 45[㎜](건조한 장소에 시설하는 경우에는 25[㎜]) 이상일 것
- 전선의 지지점 간의 거리는 전선을 조영재의 윗면 또는 옆면에 따라 붙일 경우에는 2[m] 이하일 것
- 사용전압이 400[V] 초과인 것은 전선의 지지점 간의 거리는 6[m] 이하일 것
- 애자는 절연성·난연성 및 내수성의 것

> 한국전기설비규정에 의하여 애자공사를 건조한 장소에 시설하고자 한다. 사용전압이 400[V] 초과인 경우 전선과 조영재 사이의 이격거리는 최소 몇 [㎜] 이상이어야 하는가?
> ① 25　② 45　③ 60　④ 120
> 정답 ▶ ①

(22) KEC 242.4조 위험물 등이 존재하는 장소

셀룰로이드·성냥·석유류 기타 타기 쉬운 위험한 물질(이하 "위험물"이라 한다)을 제조하거나 저장하는 곳에 시설하는 저압 옥내 전기설비는 금속관공사, 합성수지관공사, 케이블공사

(23) KEC 142.2조 접지극의 시설

수도관 등을 접지극으로 사용할 경우
  지중에 매설된 대지와의 전기저항 값이 3[Ω] 이하의 값을 유지하고 있는 금속제 수도관로
  - 접지도체와 금속제 수도관로의 접속은 안지름 75[㎜] 이상인 부분 또는 여기에서 분기한 안지름 75[㎜] 미만인 분기점으로부터 5[m] 이내일 것

※ 금속제 수도관로와 대지 사이의 전기저항 값이 2[Ω] 이하인 경우 분기점으로부터의 거리 5[m] 초과 가능

>
> 지중에 매설되어 있는 금속제 수도관로는 대지와의 전기 저항값이 얼마 이하로 유지되어야 접지극으로 사용할 수 있는가?
> ① 1[Ω]　　　② 3[Ω]　　　③ 4[Ω]　　　④ 5[Ω]
> 정답 ▶ ②

(24) KEC122.4~5조 전로에 사용하는 케이블의 종류

전압의 종류	케이블의 종류
저압	0.6/1 [kV] 연피(鉛皮)케이블 클로로프렌외장(外裝)케이블 비닐외장케이블 폴리에틸렌외장케이블 무기물 절연케이블(미네랄 인슐레이션 케이블) 금속외장케이블 저독성 난연 폴리올레핀외장케이블
고압	연피케이블 알루미늄피케이블 클로로프렌외장케이블 비닐외장케이블 폴리에틸렌외장케이블 저독성 난연 폴리올레핀외장케이블 콤바인 덕트 케이블
특고압	파이프형 압력케이블 연피케이블 알루미늄피케이블

(25) KEC 332.9조 고압가공전선로의 경간

지지물의 종류	표준경간
목주・A종 철주 또는 A종 철근 콘크리트주	150[m]
B종 철주 또는 B종 철근 콘크리트주	250[m]
철탑	600[m]

(26) KEC 232.12조 금속관공사

관의 두께는 다음에 의할 것.

① **콘크리트에 매입하는 것은 1.2[㎜] 이상**

② ① 이외의 것은 1[mm] 이상. 다만, 이음매가 없는 길이 4[m] 이하인 것을 건조하고 전개된 곳에 시설하는 경우에는 0.5[㎜]까지로 감할 수 있다.

금속관공사에서 금속관을 콘크리트에 매입할 경우 관의 두께는 몇 [mm] 이상의 것이어야 하는가?

① 0.8[mm] ② 1.0[mm]
③ 1.2[mm] ④ 1.5[mm]

정답 ▶ ③

3. 기타 전기설비

(1) 상정부하

① 건축물의 종류에 따른 표준 부하

건축물의 종류	표준 부하 [VA/m²]
공장, 공회당, 사원, 교회, 극장, 영화관, 연회장 등	10
기숙사, 여관, 호텔, 병원, 학교, 음식점, 다방, 대중 목욕탕	20
사무실, 은행, 상점, 이발소, 미장원	30
주택, 아파트	40

② 건축물 중 별도 계산할 부분의 표준 부하 (주택, 아파트는 제외)

건축물의 부분	표준 부하 [VA/m²]
복도, 계단, 세면장, 창고, 다락	5
강당, 관람석	10

배전설계를 위한 전등 및 소형 전기기계기구의 부하용량 산정 시 건축물의 종류에 대응한 표준 부하에서 원칙적으로 표준 부하를 20[VA/m²]으로 적용하여야 하는 건축물은?

① 교회, 극장 ② 호텔, 병원
③ 은행, 상점 ④ 아파트, 미용원

정답 ▶ ②

(2) 폐쇄식 배전반(큐비클)

• 점유면적이 좁고 운전, 보수에 안전하므로 공장, 빌딩 등의 전기실에 많이 사용되며, 큐비클(cubicle)형이라고 불리는 배전반

점유면적이 좁고 운전, 보수에 안전하므로 공장, 빌딩 등의 전기실에 많이 사용되며, 큐비클(cubicle)형이라고 불리는 배전반은?

① 라이브 프런트식 배전반 ② 폐쇄식 배전반
③ 포우스트형 배전반 ④ 데드 프런트식 배전반

정답 ▶ ②

(3) UPS(Uninterruptible Power Supply) : 무정전 교류 전원공급장치

UPS 란 무엇인가?
① 정전시 무정전 직류전원장치 ② 상시 교류전원장치
③ 무정전 교류전원장치 ④ 상시 직류전원장치

정답 ▶ ③

(4) 계기용 변압기(Potential Transformer : PT)

- 고전압을 저전압으로 변성하여 배전반의 전압계나 전력계, 주파수계, 역률계, 표시등의 전원으로 사용
- 2차 전압 : 110[V]
- 점검시 : 2차측 개방(2차측 과전류 방지)

수·변전 설비의 고압회로에 걸리는 전압을 표시하기 위해 전압계를 시설할 때 고압회로와 전압계 사이에 시설하는 것은?
① 관통형 변압기 ② 변류기
③ 계기용 변압기 ④ 권선형 변류기

정답 ▶ ③

(5) 전지의 종류

- 1차 전지 : 한 번 방전하면 재사용할 수 없는 전지
  - 망간건전지, 알카라인, 리튬, 수은 전지
- 2차 전지 : 방전 후 충전하여 재사용할 수 있는 전지
  - 니켈-카드뮴 전지, 납축전지, 리튬이온 전지, 니켈-수소 전지, 알칼리축전지

1차 전지에 가장 많이 사용되는 것은?
① 니켈-카드뮴 전지 ② 연료전지
③ 망간건전지 ④ 납축전지

정답 ▶ ③

(6) 계전기

- 과전류 계전기(OCR) : 정정값(설정값)이상의 전류가 흘렀을 때 동작하여 차단기 트립코일 여자
- 과전압 계전기(OVR) : 정정값(설정값)이상의 전압이 걸리는 때 동작하여 차단기 트립코일 여자
- 지락(접지) 계전기(GR) : 지락 사고 시 동작하여 차단기 트립코일 여자
- 선택지락계전기(SGR) : 다회선선로에서 지락 사고시 지락회선 선택 차단

보호를 요하는 회로의 전류가 어떤 일정한 값(정정값) 이상으로 흘렀을 때 동작하는 계전기는?
① 과전류 계전기   ② 과전압 계전기
③ 차동 계전기   ④ 비율 차동 계전기

정답 ▶ ①

(7) SF₆(육불화황) 가스의 성질

- 무색, 무취, 무독성
- 난연성, 불활성 기체
- 아크소호 능력이 공기의 100~200배
- 절연내력이 공기의 2~3배 높다.

가스 차단기에 사용되는 가스인 SF₆의 성질이 아닌 것은?
① 같은 압력에서 공기의 2.5~3.5배의 절연 내력이 있다.
② 무색, 무취, 무해 가스이다.
③ 가스 압력 3~4[kgf/cm²]에서 절연내력은 절연유 이상이다.
④ 소호능력은 공기보다 2.5배 정도 낮다.

정답 ▶ ④

(8) 가스차단기(GCB)

- 밀폐구조(신뢰성 우수, 소음이 없다)
- 차단성능이 우수
- 근거리 차단에 유리
- 절연내력이 공기의 2~3배 높아서 차단기 소형화 가능

(9) 수변전설비 주요부품

명칭	약호	심벌(단선도)	용도(역할)
단로기	DS		무부하 회로 개폐
피뢰기	LA		이상전압 내습 시 대지로 방전하고 속류 차단
전력 퓨즈	PF		단락 전류 차단
컷아웃 스위치	COS		변압기 및 주요기기 1차 측에 시설하여 단락보호용으로 사용

배전용 기구인 COS(컷아웃스위치)의 용도로 알맞은 것은?

① 배전용 변압기의 1차 측에 시설하여 변압기의 단락 보호용으로 쓰인다.
② 배전용 변압기의 2차 측에 시설하여 변압기의 단락 보호용으로 쓰인다.
③ 배전용 변압기의 1차 측에 시설하여 배전 구역 전환용으로 쓰인다.
④ 배전용 변압기의 2차 측에 시설하여 배전 구역 전환용으로 쓰인다.

정답 ▶ ①

(10) 배전반, 분전반, 제어반

① 배전반 및 분전반 시설
- 보수 및 점검이 용이한 장소
- 전기회로를 쉽게 조작할 수 있는 장소
- 개폐기를 쉽게 개폐할 수 있는 장소
- 주변 환경이 안정되고 노출된 장소

② 표준 심벌
- 배전반
- 제어반
- 분전반

분전반 및 배전반은 어떤 장소에 설치하는 것이 바람직한가?

① 전기회로를 쉽게 조작할 수 있는 장소   ② 개폐기를 쉽게 개폐할 수 없는 장소
③ 은폐된 장소   ④ 이동이 심한 장소

정답 ▶ ①

(11) 차단기 종류

- HSCB : 직류 고속도 차단기(DC high speed circuit breaker)
- GCB : 가스차단기
- VCB : 진공차단기
- ABB : 공기차단기

 교류 차단기에 포함되지 않는 것은?

① GCB   ② HSCB   ③ VCB   ④ ABB

정답 ▶ ②

(12) 접지저항 결정 요소

- 접지도체의 굵기
- 접지전극의 크기
- 온도
- 대지저항(가장 중요한 요소)

> 접지 저항값에 가장 큰 영향을 주는 것은?
> ① 접지선 굵기　　② 접지 전극 크기　　③ 온도　　④ 대지 저항
>
> 정답 ▶ ④

(13) 접지저항 저감 방법

- 접지극의 길이를 길게 한다.
- 접지극을 병렬 접속한다.
- 접지봉의 매설 깊이를 깊게 한다.
- 심타공법으로 시공한다.
- 접지저항 저감제를 사용한다.

> 접지저항 저감 대책이 아닌 것은?
> ① 접지봉의 연결 개수를 증가시킨다.　　② 접지판의 면적을 감소시킨다.
> ③ 접지극을 깊게 매설한다.　　④ 토양의 고유저항을 화학적으로 저감시킨다.
>
> 정답 ▶ ④

(14) 1등 2개소 점멸 회로도

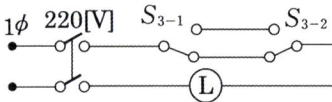

> 전등 1개를 2개소에서 점멸하고자 할 때 3로 스위치는 최소 몇 개 필요한가?
> ① 4　　② 3　　③ 2　　④ 1
>
> 정답 ▶ ③

PART 02
엄선된 필수 빈출문제 167선

1. 5회 이상 출제 39선

2. 4회 이상 출제 30선

3. 3회 이상 출제 98선

60점 이상으로 합격하기 위해 반드시 외워야 하는
필수 빈출 문제입니다. 문제별로 제시되어 있는 필살기는
꼭 암기하시고 시험장에 들어가세요.
합격! 어렵지 않습니다.

CHAPTER 01 엄선된 필수 기출문제 39선

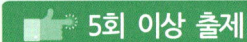

01 다음 중에서 자석의 일반적인 성질에 대한 설명으로 틀린 것은?
① N극과 S극이 있다.
② 자력선은 N극에서 나와 S극으로 향한다.
③ 자력이 강할수록 자기력선의 수가 많다.
④ 자석은 고온이 되면 자력이 증가한다.

Explanation

자석의 성질

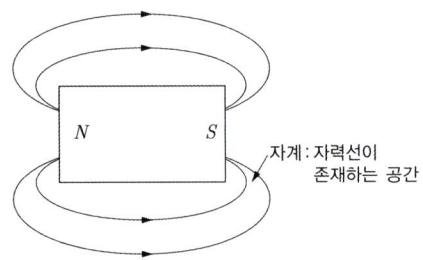
자계 : 자력선이 존재하는 공간

- 자석 : 항상 N극과 S극이 같이 존재(자기량은 같다)
  고온이 되면 자력이 감소
  같은 극성 : 반발력, 다른 극성 : 흡인력

- 자기력선 : N극에서 출발하여 S극에서 종착된다.
  자력이 강하다는 것은 자기력선이 많아서 자계의 세기가 커진다는 의미이다.

- 자기력선에는 고무줄과 같이 줄어들려고 하는 장력이 존재한다.
- 자력선은 자성체를 투과하지만, 비자성체는 투과하지 못한다.

정답 ▶ ④

 필살기

자석은 고온이 되면 자력이 감소

02 자기력선의 성질로 옳지 않은 것은?

① 자석의 N극에서 시작하여 S극에서 끝난다.
② 자기장의 방향은 그 점을 통과하는 자기력선의 방향으로 표시한다.
③ 자기력선은 상호 간에 교차한다.
④ 자기장의 크기는 그 점에 있어서의 자기력선의 밀도를 나타낸다.

Explanation

자기력선(자기장의 모양)의 성질
- 자계의 방향은 자기력선의 (접선)방향이다.
- 자계의 세기는 자기력선 밀도와 같다.
- N극(+m)에서 시작해서 S극(-m)에서 종료된다.
- 두 개의 자기력선은 서로 교차하지 않는다.
- 자기력선은 자위가 높은 점에서 낮은 점으로 향한다.
- 전기력선은 등자위면과 수직으로 교차한다.
- 자기력선에는 고무줄과 같이 줄어들려고 하는 장력이 존재한다.
- 자력선은 자성체를 투과하지만, 비자성체는 투과하지 못한다.

정답 ▶ ③

필살기

두 개의 자기력선은 서로 교차하지 않는다.

03 진공 중에서 같은 크기의 두 자극을 1[m] 거리에 놓았을 때 작용하는 힘이 6.33×10^4[N]이 되는 자극의 단위는?

① 1[N]
② 1[J]
③ 1[Wb]
④ 1[C]

Explanation

쿨롱의 법칙 : 두 자하(자극) 사이에 미치는 힘을 나타낸 것

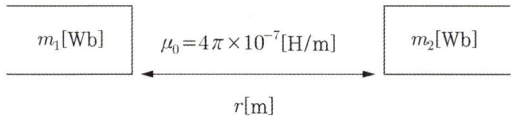

(1) 쿨롱의 힘

$$F = \frac{m_1 m_2}{4\pi \mu_0 r^2} = 6.33 \times 10^4 \times \frac{m_1 m_2}{r^2} [\text{N}]$$

여기서, 진공 또는 공기 중의 투자율 $\mu_0 = 4\pi \times 10^{-7}$[H/m]

(2) 쿨롱의 법칙
① 힘은 두 자하(자극)의 곱에 비례
② 힘은 두 자하(자극)의 거리의 제곱에 반비례
③ 힘은 주위 매질에 따라 달라진다.

$F = \dfrac{m_1 m_2}{4\pi\mu_o r^2} = 6.33 \times 10^4 \times \dfrac{m_1 m_2}{r^2}$ 에서

- 힘(F)에 6.33×10^4[N], 거리(r)에 1[m]를 각각 대입
- 같은 크기의 두 자극이므로 $m_1 = m_2$

$6.33 \times 10^4 = 6.33 \times 10^4 \times \dfrac{m^2}{1^2}$ 이 되므로

∴ $m^2 = 1$ 에서 자극의 세기 $m = 1$[Wb]

정답 ▶ ③

 필살기

- 두 같은 자극의 힘이 6.33×10^4[N] → 자극은 1[Wb]
- 두 자극의 힘은 $F = 6.33 \times 10^4 \times \dfrac{m_1 m_2}{r^2}$ [N]으로 계산

04 직류기의 전기자 철심을 규소강판으로 성층하여 만드는 이유는?
① 가공하기 쉽다. ② 가격이 염가이다.
③ 철손을 줄일 수 있다. ④ 기계손을 줄일 수 있다.

Explanation

직류기의 전기자 철심 : 규소강판 성층철심 사용
- 히스테리시스손 감소 : 규소강판 사용
- 와류손 감소 : 성층철심 사용
※ 철손 = 히스테리시스손 + 와류손

정답 ▶ ③

 필살기

- 히스테리시스손 감소 : 규소강판 사용
- 와류손 감소 : 성층철심 사용

05 농형 유도 전동기의 기동법이 아닌 것은?
① 전전압 기동법 ② 저저항 2차 권선 기동법
③ 기동보상기법 ④ Y-△ 기동법

Explanation

농형 유도전동기의 기동법
- 전전압 기동(직입기동) : 5[kW] 이하의 소형
- Y-△기동 : 기동전류 제한을 위해 (5~15[kW] 정도)
  기동전류 : 1/3, 기동전압 : $1/\sqrt{3}$
- 기동보상기법 : 단권변압기를 이용한 감전압 기동, 15[kW] 이상
- 리액터기동 : 전동기에 직렬로 리액터를 설치하여 감전압 기동

여기서, 2차 저항기동은 권선형 유도전동기의 기동법이다.

정답 ▶ ②

 필살기

> 권선형 유도전동기의 기동법 : 2차 저항기동(비례추이 사용)

06 변압기 내부고장 시 급격한 유류 또는 Gas의 이동이 생기면 동작하는 부흐홀츠 계전기의 설치 위치는?
① 변압기 주 탱크 내부
② 콘서베이터 내부
③ 변압기의 고압측 부싱
④ 변압기 본체와 콘서베이터 사이

Explanation

부흐홀츠 계전기 : 변압기 보호용
- 변압기의 내부 고장으로 발생하는 기름의 유증기 가스(수소) 또는 오일의 흐름을 감지하여 일정한 값 이상의 급격한 흐름이 있을 때 차단기를 트립
- 설치위치 : 변압기 본체(주탱크)와 콘서베이터를 연결하는 파이프 도중

정답 ▶ ④

필살기

> 부흐홀츠 계전기 : 변압기 본체(주탱크)와 콘서베이터를 연결하는 파이프 도중에 설치

07 전력계통에 접속되어있는 변압기나 장거리 송전 시 정전용량으로 인한 충전특성 등을 보상 하기 위한 기기는?
① 유도전동기
② 동기전동기
③ 유도발전기
④ 동기조상기

Explanation

동기조상기 : 송전선로 전압조정 및 역률개선
동기조상기는 무부하로 운전 중인 동기전동기의 위상조정곡선 이용한 것으로 그림에서 나타나듯 과여자를 취하면 진상전류(콘덴서의 역할)로 운전되며 부족여자를 취하면 지상전류(리액터의 역할)로 조정하게 된다.
동기조상기의 특징은 다음과 같다.
- 전압 조정 : 진·지상으로 조정, 연속적
- 전력손실 : 크다
- 증설 : 불가능
- 시송전(시충전) : 가능

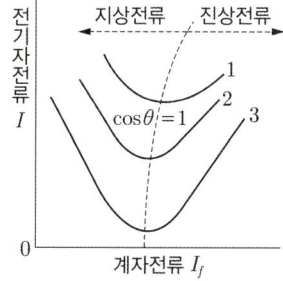

정답 ▶ ④

 필살기

> 동기조상기 : 송전선로 전압조정 및 역률개선

08 금속관에 나사를 내기 위한 공구는?

① 오스터　　　　　　　　　　　② 토치캠프
③ 펜치　　　　　　　　　　　　④ 유압식 벤더

Explanation

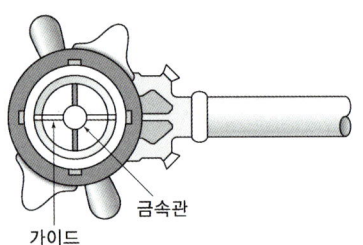

오스터
금속관에 나사산을 내는 공구로서 래칫(rachet)형과 오스터형이 있다.
① 용도 : 금속관 끝에 나사를 내는 공구
② 구성 : 래칫(ratchet)과 다이스(dise)

정답 ▶ ①

 **필살기**

오스터 : 나사를 내기 위한 공구

---

09 한국전기설비규정에 의해 접지시스템에 사용되는 접지극은 지하 몇 [m] 이상의 깊이에 매설하여야 하는가?

① 0.3　　　　② 0.45　　　　③ 0.5　　　　④ 0.75

Explanation

(KEC 142.2조) 접지극의 시설 및 접지저항
• 접지극은 지표면으로부터 지하 0.75[m] 이상으로 하되 동결 깊이를 감안하여 매설 깊이 결정
• 접지도체를 철주 기타의 금속체를 따라서 시설하는 경우에는 접지극을 철주의 밑면으로부터 0.3[m] 이상의 깊이에 매설하는 경우 이외에는 접지극을 지중에서 그 금속체로부터 1[m] 이상 떼어 매설
• 접지도체는 지하 0.75[m]부터 지표 상 2[m]까지 부분은 합성수지관(두께 2[mm] 미만의 합성수지제 전선관 및 가연성 콤바인덕트관은 제외한다) 또는 이와 동등 이상의 절연효과와 강도를 가지는 몰드로 덮을 것
• 접지도체는 절연전선(옥외용 비닐절연전선은 제외) 또는 케이블

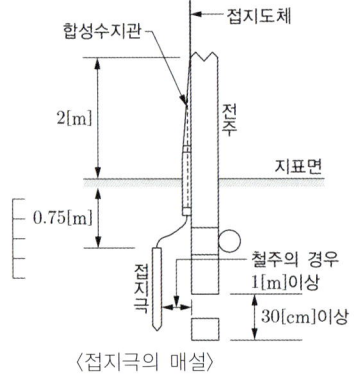

〈접지극의 매설〉

정답 ▶ ④

필살기

접지극 : 지하 0.75[m] 이상에 매설

10 저압 연접 인입선은 인입선에서 분기하는 점으로부터 몇 [m]를 넘지 않은 지역에 시설하고 폭 몇 [m] 넘는 도로를 횡단하지 않아야 하는가?

① 50[m], 4[m]
② 100[m], 5[m]
③ 150[m], 6[m]
④ 200[m], 8[m]

Explanation

연접인입선
한 수용장소의 인입선에서 분기하여 지지물을 거치지 아니하고 다른 수용장소의 인입구에 이르는 부분의 전선

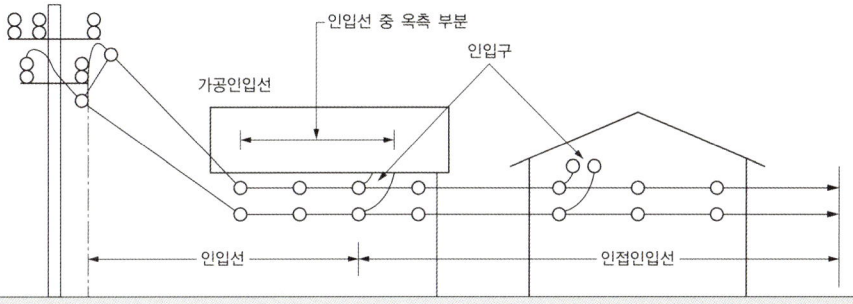

(KEC 221.1.2조) 연접인입선 시설
① 인입선에서 분기하는 점으로부터 100[m]를 초과하는 지역에 미치지 아니할 것
② 폭 5[m]를 초과하는 도로를 횡단하지 아니할 것
③ 옥내를 통과하지 아니할 것
④ 고압 및 특고압 연접인입선은 시설금지

정답 ▶ ②

> 연접인입선 : 100[m] 초과 금지, 폭 5[m]도로 금지, 옥내통과 금지

11 480[V] 가공인입선이 철도를 횡단할 때 레일면상의 최저 높이는 몇 [m]인가?

① 4[m]
② 4.5[m]
③ 5.5[m]
④ 6.5[m]

Explanation

(KEC 221.1.1조) 저압 가공인입선의 시설
저압 가공인입선은 다음 각 호에 따라 시설하여야 한다.
- 전선이 케이블인 경우 이외에는 인장강도 2.30[kN] 이상의 것 또는 지름 2.6[mm] 이상의 인입용 비닐절연전선일 것. 다만, 경간이 15[m] 이하인 경우는 인장강도 1.25[kN] 이상의 것 또는 지름 2[mm] 이상의 인입용 비닐절연전선일 것
- 전선은 절연전선, 다심형 전선 또는 케이블일 것
- 전선의 높이는 다음에 의할 것
  - 도로를 횡단하는 경우에는 노면상 5[m] (교통에 지장이 없을 때에는 3[m]) 이상
  - 철도 또는 궤도를 횡단하는 경우에는 레일면상 6.5[m] 이상
  - 횡단보도교의 위에 시설하는 경우에는 노면상 3[m] 이상
  - 위의 경우 이외에는 지표상 4[m](기술상 부득이한 경우에 교통에 지장이 없을 때에는 2.5[m]) 이상

정답 ▶ ④

> 철도 또는 궤도 : 6.5[m](저고압 가공전선 및 저고압 가공인입선, 전력보안통신선)

12 직류 복권 발전기를 병렬 운전할 때 반드시 필요한 것은?
① 과부하 계전기
② 균압선
③ 용량이 같을 것
④ 외부특성 곡선이 일치할 것

Explanation

직류발전기 균압선
병렬운전을 안정하게 하기 위하여 직권계자권선이 있는 직권발전기 및 복권발전기는 균압선을 시설해야 한다.

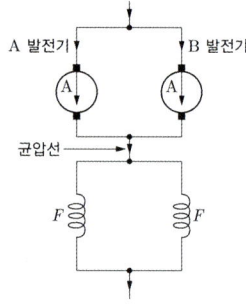

정답 ▶ ②

> 병렬운전 : 직권, 복권

13 동기 전동기의 특징으로 잘못된 것은?
① 일정한 속도로 운전이 가능하다.
② 난조가 발생하기 쉽다.
③ 역률을 조정하기 힘들다.
④ 공극이 넓어 기계적으로 견고하다.

Explanation

동기 전동기의 특징
- 속도가 일정, 불변이다.
- 항상 역률 1로 운전할 수 있다.
- 필요시 앞선 전류를 통할 수 있다.
- 유도 전동기에 비하여 효율이 좋다.
- 용도 : 저속도 대용량에 사용된다(시멘트 공장의 분쇄기, 각종 압축기, 송풍기, 제지용 쇄목기, 동기 조상기)

[단점]
- 여자를 필요로 하므로 직류 전원 장치, 동기화 장치가 필요하고 가격도 고가로 된다.
- 속도 제어가 어렵다.
- 난조가 발생하기 쉽다
- 기동 토크가 작다.

정답 ▶ ③

> 동기전동기 : 정속도(속도조정 안 됨), 역률1로 운전(효율 우수)

14 동기 발전기의 병렬운전 조건이 아닌 것은?

① 유도 기전력의 크기가 같을 것
② 동기발전기의 용량이 같을 것
③ 유도 기전력의 위상이 같을 것
④ 유도 기전력의 주파수가 같을 것

Explanation

동기발전기의 병렬운전 조건

병렬운전 조건	문제점
기전력의 크기가 같을 것	무효순환전류(무효횡류)
기전력의 위상이 같을 것	동기화 전류(유효횡류)
기전력의 주파수가 같을 것	난조 발생
기전력의 파형이 같을 것	고조파 무효순환전류
상회전 방향이 같을 것	

정답 ▶ ②

 필살기

동기발전기 병렬운전 : 유기기전력의 크기, 위상 , 주파수, 파형

15 동기 발전기의 병렬운전 중에 기전력의 위상차가 생기면?

① 위상이 일치하는 경우보다 출력이 감소한다.
② 부하 분담이 변한다.
③ 무효 순환전류가 흘러 전기자 권선이 과열된다.
④ 동기화력이 생겨 두 기전력의 위상이 동상이 되도록 작용한다.

Explanation

동기발전기의 병렬운전 조건

병렬운전 조건	문제점
기전력의 크기가 같을 것	무효순환전류(무효횡류)
기전력의 위상이 같을 것	동기화 전류(유효횡류)
기전력의 주파수가 같을 것	난조 발생
기전력의 파형이 같을 것	고조파 무효순환전류
상회전 방향이 같을 것	

정답 ▶ ④

필살기

동기발전기 병렬운전 기전력의 위상차 발생 : 동기화 전류 및 수수전력(동기화력)

16 굵은 전선을 절단할 때 사용하는 전기공사용 공구는?

① 프레셔 툴
② 노크 아웃 펀치
③ 파이프 커터
④ 클리퍼

Explanation

- 클리퍼 : 굵은 전선을 절단할 때 사용하는 가위

정답 ▶ ④

> 📝 **필살기**
>
> 클리퍼 : 절단 가위

17 한국전기설비규정에 의하여 저압 옥내배선에 사용되는 케이블 공사 중 캡타이어 케이블을 사용하는 경우 조영재의 옆면에 따라 시설하는 경우 지지점 간의 거리는 얼마 이하로 하는가?

① 2[m]　　　　　　　　　② 3[m]
③ 1[m]　　　　　　　　　④ 1.5[m]

Explanation

(KEC 232.51조) 케이블공사
- 전선 : 케이블, 캡타이어 케이블
- 지지점 간 거리
  - 조영재에 붙이는 경우 2[m](사람의 접촉우려가 없고 수직 6[m])
  - 캡타이어 케이블 : 1[m] 이하
- 접지공사 할 것

정답 ▶ ③

> 📝 **필살기**
>
> 캡타이어 케이블 지지점 간 거리 : 1[m]

18 한국전기설비규정에 의하여 저압 옥내배선에 사용되는 케이블 공사에서 비닐 외장 케이블을 조영재의 옆면에 따라 붙이는 경우 전선의 지지점 간의 거리는 최대 몇 [m]인가?

① 1.0　　　　　　　　　② 1.5
③ 2.0　　　　　　　　　④ 2.5

Explanation

(KEC 232.51조) 케이블공사
- 전선 : 케이블, 캡타이어 케이블
- 지지점 간 거리
  - 조영재에 붙이는 경우 2[m](사람의 접촉우려가 없고 수직 6[m])
  - 캡타이어 케이블 : 1[m] 이하
- 접지공사 할 것

정답 ▶ ③

> 📝 **필살기**
>
> 케이블 지지점 간 거리(조영재면) : 2[m]

19 구리전선과 전기 기계기구 단자를 접속하는 경우에 진동 등으로 인하여 헐거워질 염려가 있는 곳에는 어떤 것을 사용하여 접속하여야 하는가?

① 평와셔 2개를 끼운다.
② 스프링와셔를 끼운다.
③ 코드 패스너를 끼운다.
④ 정 스리브를 끼운다.

Explanation

스프링 와셔 또는 2중 너트
기계기구 단자를 접속하는 경우에 진동 등으로 인하여 헐거워질 염려가 있는 곳에 사용

정답 ▶ ②

 필살기

> 견고한 접속 : 스프링 와셔, 2중 너트

---

20 한국전기설비규정에 의하여 가연성 가스가 새거나 체류하여 전기설비가 발화원이 되어 폭발할 우려가 있는 곳에 있는 저압 옥내전기 설비의 시설 방법으로 가장 적합한 것은?

① 애자공사
② 가요전선관공사
③ 셀룰러덕트공사
④ 금속관공사

Explanation

(KEC 242.2, 242.3조) 폭연성 분진위험장소 및 가연성 가스 등의 위험 장소
• 폭연성 분진, 화약류 분말, 가연성 가스 : 금속관 공사 또는 케이블 공사. 여기서, 폭연성 분진은 마그네슘·알루미늄·티탄·지르코늄 등의 먼지가 쌓여 있는 상태에서 불이 붙었을 때에 폭발할 우려가 있는 것
• 가연성 분진 : 금속관공사, 합성수지관공사, 케이블 공사. 여기서, 가연성 분진은 소맥분·전분·유황 기타 가연성의 먼지로 공중에 떠다니는 상태에서 착화하였을 때에 폭발할 우려가 있는 것

정답 ▶ ④

 필살기

> 폭연성 분진, 화약류분말, 가연성 가스 : 금속관 공사 또는 케이블 공사(캡타이어 케이블 제외)

---

21 한국전기설비규정에 의하여 폭발성 분진이 있는 위험장소의 금속관 공사에 있어서 관 상호 및 관과 박스 기타의 부속품이나 풀박스 또는 전기기계기구는 몇 턱 이상의 나사조임으로 시공하여야 하는가?

① 2턱
② 3턱
③ 4턱
④ 5턱

Explanation

(KEC 242.2조) 폭연성 분진위험장소
• 폭연성 분진, 화약류 분말, 가연성 가스 : 금속관 공사 또는 케이블 공사. 여기서, 폭연성 분진은 마그네슘·알루미늄·티탄·지르코늄 등의 먼지가 쌓여 있는 상태에서 불이 붙었을 때에 폭발할 우려
• 금속관공사에 의하는 때에는 다음에 의하여 시설할 것
 ① 금속관은 박강 전선관(薄鋼電線管) 또는 이와 동등 이상의 강도를 가지는 것일 것
 ② 박스 기타의 부속품 및 풀박스는 쉽게 마모·부식 기타의 손상을 일으킬 우려 가 없는 패킹을 사용하여 먼지가 내부에 침입하지 아니하도록 시설할 것

③ 관 상호 간 및 관과 박스 기타의 부속품·풀박스 또는 전기기계기구와는 5턱 이상 나사조임으로 접속하는 방법 기타 이와 동등 이상의 효력이 있는 방법에 의하여 견고하게 접속하고 또한 내부에 먼지가 침입하지 아니하도록 접속할 것

정답 ▶ ④

 필살기

위험 장소 나사 : 5턱 이상

22 다음 중 전동기 원리에 적용되는 법칙은?
① 렌츠의 법칙
② 플레밍의 오른손 법칙
③ 플레밍의 왼손 법칙
④ 옴의 법칙

Explanation

플레밍의 왼손 법칙은 자계 중에서 전류가 흐르는 도체가 받는 힘으로 전자력이라고도 한다. 이 힘에 의해 전동기의 경우 토크가 발생하므로 전동기의 원리가 된다.
플레밍의 왼손법칙은 엄지손가락이 힘의 방향을 둘째손가락이 자장의 방향을 가운뎃손가락이 전류의 방향을 나타낸다.

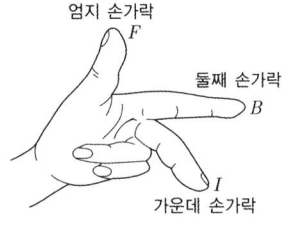

플레밍의 왼손법칙

정답 ▶ ③

 필살기

전동기의 원리 : 플레밍의 왼손 법칙
발전기의 원리 : 플레밍의 오른손 법칙
여기서, 유도전동기의 원리 : 플레밍의 왼손법칙과 플레밍의 오른손법칙(전자유도) 둘 다 사용

23 정션 박스 내에서 전선을 접속할 수 있는 것은?
① S형 슬리브
② 꽂음형 커넥터
③ 와이어 커넥터
④ 매킹타이어

Explanation

와이어 커넥터(Wire Connecter)
두 전선의 피복을 벗기고 커넥터의 안쪽에 삽입한 후 시계방향으로 비틀어 전선을 접속하는 재료. 주로 정션 박스(Junction Box : 접속박스) 내에서 사용하고 접속이 완료되면 와이어 커넥터를 위로 향하게 한다.

정답 ▶ ③

 필살기

와이어 커넥터 : 박스(함)에서 전선 접속

24 금속전선관 공사 시 노크아웃 구멍이 금속관보다 클 때 사용되는 접속 기구는?
① 부싱
② 링 리듀서
③ 로크너트
④ 엔트러스 캡

Explanation

명칭	그림	사용 용도
로크너트 (lock nut)		관과 박스를 접속하는 경우
부싱 (bushing)		전선 관단에 끼우고 전선을 넣거나 빼는 데 있어서 전선의 피복을 보호하여 전선이 손상되지 않게 하는 것
링 리듀서		금속을 아웃트렛 박스의 로크 아웃에 취부할 때 록 아웃의 구멍이 관의 구멍보다 클 때 사용
엔트런스 캡 (우에사캡) (entrance cap)		인입구, 인출구의 관단에 설치하여 금속관에 접속하여 옥외의 빗물을 막는 데 사용

정답 ▶ ②

필살기

링 리듀서 : 구멍(로크아웃)이 큰 경우

25 변압기유의 구비조건이 아닌 것은?
① 절연내력이 클 것
② 인화점과 응고점이 높을 것
③ 냉각효과가 클 것
④ 산화현상이 없을 것

Explanation

변압기 절연유(기름) : 절연+냉각
- 절연내력이 클 것
- 점도가 낮고, 냉각효과가 클 것
- 인화점은 높고, 응고점은 낮을 것
- 고온에서 산화하지 않고, 석출물이 생기지 않을 것

정답 ▶ ②

필살기

변압기유 높아야 할 것 : 절연내력, 냉각효과, 인화점
변압기유 낮아야 할 것 : 점도, 응고점

26 직류를 교류로 변환하는 장치는?
① 정류기
② 충전기
③ 순변환 장치
④ 역변환 장치

Explanation

전력변환장치
① 정류기(컨버터) : 교류를 직류로 변환
② 인버터(Inverter) : 직류를 교류로 변환
③ 사이클로 컨버터 : 교류를 가변주파수의 교류로 변환
④ 초퍼(chopper) : 직류를 직류로 변환

정답 ▶ ④

 필살기

> 인버터(역변환장치) : 직류를 교류로 변환

27 배선설계를 위한 전등 및 소형 전기기계기구의 부하용량 산정시 건축물의 종류에 대응한 표준 부하에서 원칙적으로 표준 부하를 20[VA/m²]으로 적용하여야 하는 건축물은?

① 교회, 극장 ② 학교, 음식점
③ 은행, 상점 ④ 아파트, 미용원

Explanation

(1) 건축물의 종류에 따른 표준 부하

건축물의 종류	표준 부하[VA/m²]
공장, 공회당, 사원, 교회, 극장, 영화관, 연회장 등	10
기숙사, 여관, 호텔, 병원, 학교, 음식점, 다방, 대중 목욕탕	20
사무실, 은행, 상점, 이발소, 미장원	30
주택, 아파트	40

(2) 건축물 중 별도 계산할 부분의 표준 부하(주택, 아파트는 제외)

건축물의 부분	표준 부하[VA/m²]
복도, 계단, 세면장, 창고, 다락	5
강당, 관람석	10

정답 ▶ ②

 필살기

> 표준부하 20[VA/m²] : 기숙사, 여관, 호텔, 병원, 학교, 음식점, 다방, 대중 목욕탕

28 4×10^{-5}[C]과 6×10^{-5}[C]의 두 전하가 자유공간에 2[m]의 거리에 있을 때 그 사이에 작용하는 힘은?

① 5.4[N], 흡인력이 작용한다. ② 5.4[N], 반발력이 작용한다.
③ 7.9[N], 흡인력이 작용한다. ④ 7.9[N], 반발력이 작용한다.

Explanation

쿨롱의 법칙은 두 전하 사이에 미치는 힘을 나타낸 것으로 다음과 같은 식에 의해서 구할 수 있다.

(1) 쿨롱의 힘 : $F = k\dfrac{Q_1 Q_2}{r^2} = \dfrac{Q_1 Q_2}{4\pi\epsilon_o r^2} = 9 \times 10^9 \times \dfrac{Q_1 Q_2}{r^2}$ [N]

(2) 쿨롱의 법칙
① 두 전하 사이의 힘은 두 전하의 곱에 비례한다.
② 두 전하 사이의 힘은 두 전하의 거리의 제곱에 반비례한다.
③ 두 전하 사이의 힘은 주위 매질에 따라 달라진다.

따라서 $F = 9 \times 10^9 \times \dfrac{Q_1 Q_2}{r^2} = 9 \times 10^9 \times \dfrac{4 \times 10^{-5} \times 6 \times 10^{-5}}{2^2} = 5.4[\text{N}]$

두 전하의 부호가 같으므로 반발력이 작용한다.

정답 ▶ ②

 필살기

두 전하의 힘은 $F = 9 \times 10^9 \times \dfrac{Q_1 Q_2}{r^2}$ [N]으로 구한다.
- 두 전하가 같은 부호 : 반발력
- 두 전하가 다른 부호 : 흡인력

29 반지름 r[m], 권수 N회의 환상 솔레노이드에 I[A]의 전류가 흐를 때, 그 내부의 자장의 세기 H[AT/m]는 얼마인가?

① $\dfrac{NI}{r^2}$　　　　　　　　② $\dfrac{NI}{2\pi}$

③ $\dfrac{NI}{4\pi r^2}$　　　　　　　④ $\dfrac{NI}{2\pi r}$

Explanation

환상 솔레노이드에 의한 자계의 세기
① 내부만 평등자장
② 솔레노이드 내부 자계의 세기 : $H = \dfrac{NI}{2\pi r}$ [AT/m]
③ 외부자장 : $H = 0$

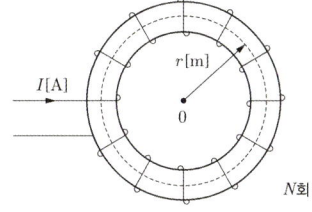

정답 ▶ ④

 필살기

솔레노이드 내부 자계의 세기 : $H = \dfrac{NI}{2\pi r}$ [AT/m]

30 비사인파의 일반적인 구성이 아닌 것은?
① 순시파　　　　　　　② 고조파
③ 기본파　　　　　　　④ 직류분

Explanation

푸리에 급수(Fourier series)
주파수와 진폭을 달리하는 무수히 많은 성분을 갖는 비정현파(비사인파)를 직류분과 무수히 많은 정현항과 여현항의 합으로 표현하는 것을 말한다.
• 푸리에 급수
비정현파(비사인파) 교류＝직류분＋기본파＋고조파

정답 ▶ ①

 필살기

비정현파(비사인파) 교류＝직류분＋기본파＋고조파

31 퍼센트 저항강하 3[%], 리액턴스 강하 4[%]인 변압기의 최대 전압변동률[%]은?

① 1 ② 5
③ 7 ④ 12

Explanation

변압기의 전압변동률 $\epsilon = \dfrac{V_{20} - V_{2n}}{V_{2n}} \times 100[\%]$

$= p\cos\theta \pm q\sin\theta$ (여기서, ＋ : 지상, － : 진상)

여기서, p : %저항강하, q : %리액턴스 강하

최대 전압 변동률 $\epsilon_{\max} = \sqrt{p^2 + q^2} = \sqrt{3^2 + 4^2} = 5[\%]$

정답 ▶ ②

 필살기

변압기 최대 전압 변동률 $\epsilon_{\max} = \sqrt{p^2 + q^2}$

32 한국전기설비규정에 의하여 합성수지관을 새들 등으로 지지하는 경우 관의 지지점 간의 거리는 몇 [m] 이하인가?

① 1.5 ② 2.0
③ 2.5 ④ 3.0

Explanation

(KEC 232.11조) 합성수지관공사
• 관 삽입 깊이 : 관 바깥지름의 1.2배(접착제를 사용하는 경우 0.8배)
• 관의 지지점 간 거리(새들 등으로 지지) : 1.5[m] 이하
• 방습장치 시설

정답 ▶ ①

 필살기

합성수지관의 지지점 간 거리(새들 등으로 지지) : 1.5[m] 이하

33 자속밀도가 2[Wb/m²]인 평등 자기장 중에 자기장과 30°의 방향으로 길이 0.5[m]인 도체에 8[A]의 전류가 흐르는 경우 전자력[N]은?

① 8　　　　　　　　　　　② 4
③ 2　　　　　　　　　　　④ 1

Explanation

자장 내의 도체에 작용하는 힘(전자력) : 플레밍의 왼손법칙
$F = (I \times B)l = IBl\sin\theta$ [N]
　 $= 8 \times 2 \times 0.5 \times \sin 30° = 4$ [N]

정답 ▶ ②

 필살기

플레밍의 왼손 법칙 적용 : 힘(전자력), 자장(자속밀도), 전류가 있는 경우

---

34 한국전기설비규정에 의하여 시설하는 지중전선로의 경우 중량물의 압력을 받을 우려가 있는 장소의 매설 깊이는?

① 0.6[m] 이상　　　　　　② 0.8[m] 이상
③ 1.0[m] 이상　　　　　　④ 1.2[m] 이상

Explanation

(KEC 334.1조) 지중선선로의 시설
- 지중 전선로 : 케이블
- 직접매설식·관로식·암거식에 의하여 시설
- 지중 전선로를 직접 매설식에 의하여 시설하는 경우에는 매설 깊이
  – 차량 기타 중량물의 압력을 받을 우려가 있는 장소 : 1.0[m] 이상
  – 기타 장소 : 0.6[m] 이상

정답 ▶ ③

 필살기

직접매설식 중량물 : 1[m] 이상

---

35 자기 인덕턴스 200[mH], 450[mH]인 두 코일의 상호 인덕턴스가 60[mH]이다. 두 코일의 결합 계수는?

① 0.1　　　　　　　　　　② 0.2
③ 0.3　　　　　　　　　　④ 0.4

Explanation

상호 인덕턴스 $M = k\sqrt{L_1 L_2}$ 에서
결합 계수 $k = \dfrac{M}{\sqrt{L_1 L_2}} = \dfrac{60}{\sqrt{200 \times 450}} = 0.2$

정답 ▶ ②

> 필살기
>
> 결합 계수 $k = \dfrac{M}{\sqrt{L_1 L_2}}$

36 전선을 접속하는 방법으로 틀린 것은?

① 전기 저항이 증가되지 않아야 한다.
② 전선의 세기는 30[%] 이상 감소시키지 않아야 한다.
③ 접속 부분은 와이어 커넥터 등 접속 기구를 사용하거나 납땜을 한다.
④ 알루미늄을 접속할 때는 고시된 규격에 맞는 접속관 등의 접속 기구를 사용한다.

Explanation

(KEC 123조) 전선의 접속
- 전선의 세기(인장강도, 기계적강도)를 20[%] 이상 감소시키지 말 것
- 전기 저항을 증가시키지 말 것
- 접속 부분에 전기적 부식이 생기지 않도록 할 것
- 케이블과 접속하는 경우에는 접속부분을 절연 전선의 절연물과 동등 이상의 절연 효력이 있는 것으로 충분히 피복할 것

정답 ▶ ②

> 필살기
>
> 전선의 세기(인장강도, 기계적강도)을 20[%] 이상 감소시키지 말 것

37 전류에 의해 만들어지는 자기장의 자기력선 방향을 간단하게 알아내는 방법은?

① 플레밍의 왼손 법칙
② 렌츠의 자기유도 법칙
③ 앙페르의 오른나사 법칙
④ 패러데이의 전자유도 법칙

Explanation

앙페르의 오른나사의 법칙(전류와 자장의 방향)
전류의 방향과 자장의 방향의 관계를 나타내는 법칙으로, 오른나사의 진행 방향으로 전류가 흐를 때 오른나사의 회전 방향이 자장의 방향이 된다는 법칙이다.

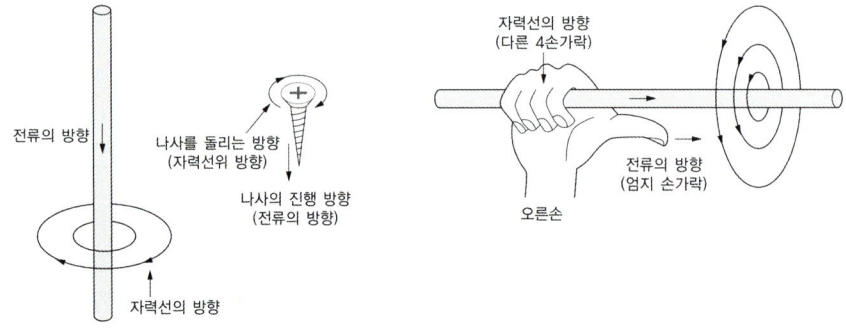

정답 ▶ ③

앙페르의 오른나사 법칙 : 전류에 의해 발생하는 자기장(자력선)의 방향

38 서로 다른 종류의 안티몬과 비스무트의 두 금속을 접속하여 여기에 전류를 통하면, 그 접점에서 열의 발생 또는 흡수가 일어난다. 줄열과 달리 전류의 방향에 따라 열의 흡수와 발생이 다르게 나타나는 이 현상은?
① 펠티에 효과
② 제벡 효과
③ 제3금속의 법칙
④ 열전 효과

Explanation

열전현상
- 제벡 효과 : 다른 종류의 금속선으로 된 폐회로의 두 접합점의 온도를 달리하였을 때 열 기전력이 발생하는 것
- 펠티에 효과 : 두 종류의 금속으로 된 회로에 전류를 통하면 각 접점에서 열의 흡수 또는 발생이 일어나는 현상
  제벡의 역효과, 전자냉동의 원리
- 톰슨 효과 : 동일 금속으로 된 회로에 전류를 통하면 각 접점에서 열의 흡수 또는 발생이 일어나는 현상

정답 ▶ ①

펠티에 효과 : 두 금속(안티몬, 비스무스) - 전류 - 열의 흡수, 발생

39 금속전선관 공사에서 사용되는 후강전선관의 규격이 아닌 것은?
① 16
② 28
③ 36
④ 50

Explanation

금속관의 길이 : 3.66[m]

종류	관의 규격[mm]
후강전선관(짝수, 내경, G)	16 22 28 36 42 54 70 82 92 104
박강전선관(홀수, 외경, C)	19 25 31 39 51 63 75

정답 ▶ ④

후강전선관 : 짝수(보통 16 22 28 36 42 54에서 출제됨)

CHAPTER 02 엄선된 필수 기출문제 30선

4회 이상 출제

01 두 개의 서로 다른 금속의 접속점에 온도차를 주면 열기전력이 생기는 현상은?

① 홀 효과   ② 줄 효과   ③ 압전기 효과   ④ 제벡 효과

Explanation

열전현상
- 제벡 효과(Seebeck Effect)
  두 종류의 금속을 접합하여 폐회로를 만들고 두 접합점 사이에 온도차가 발생되면 열기전력이 생겨서 전류가 흐르는 현상. 이 때 두 종류의 금속을 열전대라 한다.
- 펠티에 효과(Peltier Effect)
  두 종류의 금속을 접합하여 폐회로를 만들고 두 접합점 사이에 전류를 흘리면 접합점에서 열이 흡수 또는 발생되는 현상. 제벡의 역효과이며 전자냉동의 원리로 사용
- 톰슨 효과(Thomson Effect)
  동일 금속을 접합하여 폐회로를 만들고 두 접합점 사이에 전류를 흘리면 접합점에서 열이 흡수 또는 발생되는 현상

정답 ▶ ④

 필살기

> 제벡 효과 : 온도차에 의한 기전력 발생

---

02 동기 발전기의 병렬 운전 중 기전력의 크기가 다를 경우 나타나는 현상은?

① 권선이 가열된다.   ② 동기화 전력이 생긴다.
③ 무효순환전류가 흐른다.   ④ 고압 측에 감자 작용이 생긴다.

Explanation

동기발전기의 병렬운전 조건

병렬운전 조건	문제점
기전력의 크기가 같을 것	무효순환전류(무효횡류)
기전력의 위상이 같을 것	동기화 전류(유효횡류)
기전력의 주파수가 같을 것	난조 발생
기전력의 파형이 같을 것	고조파 무효순환전류
상회전 방향이 같을 것	

정답 ▶ ③

 필살기

> 동기발전기의 병렬운전 : 기전력의 크기가 다른 경우 무효순환전류

03 한국전기설비규정에 의한 금속몰드공사의 사용전압은 몇 [V]이하 이어야 하는가?
① 150
② 220
③ 400
④ 600

Explanation

(KEC 232.22조) 금속몰드공사
① 전선은 절연전선(옥외용 비닐절연 전선을 제외한다)일 것.
② 금속몰드 안에는 전선에 접속점이 없도록 할 것. 다만, 「전기용품 및 생활용품 안전 관리법」에 의한 금속제 조인트 박스를 사용할 경우에는 접속할 수 있다.
③ 금속몰드의 사용전압이 400[V] 이하로 옥내의 건조한 장소로 전개된 장소 또는 점검할 수 있는 은폐장소에 한하여 시설할 수 있다.

정답 ▶ ③

 필살기

> 금속몰드공사 : 사용전압이 400[V] 이하, 옥내의 건조한 장소로 전개된 장소 또는 점검할 수 있는 은폐장소

04 화약류 저장장소의 배선공사에서 전용 개폐기에서 화약류 저장소의 인입구까지는 어떤 공사를 하여야 하는가?
① 케이블을 사용한 옥측 전선로
② 금속관을 사용한 지중 전선로
③ 케이블을 사용한 지중 전선로
④ 금속관을 사용한 옥측 전선로

Explanation

(KEC 242.5조) 화약류 저장소에서 전기설비의 시설
화약류 저장소 안에는 백열전등이나 형광등 또는 이에 전기를 공급하기 위한 공작물에 한하여 다음과 같이 시설할 수 있다.
• 전로의 대지 전압은 300[V] 이하일 것
• 전기 기계 기구는 전폐형의 것일 것
• 전용의 개폐기 및 과전류 차단기를 화약류 저장소 이외의 곳에 취급자 이외의 자가 쉽게 조작할 수 없도록 시설하고 전로에 지기가 생길 때에 자동적으로 전로를 차단하거나 경보하는 장치를 할 것
• 전용의 개폐기 또는 과전류 차단기에서 화약류 저장소 인입구까지의 배선에는 케이블을 사용하여 지중에 시설하여야 한다.

정답 ▶ ③

 필살기

> 화약류 저장소 : 케이블, 지중전선로

05 변압기 V결선의 특징으로 틀린 것은?
① 고장 시 응급처치 방법으로도 쓰인다.
② 단상 변압기 2대로 3상 전력을 공급한다.
③ 부하증가가 예상되는 지역에 시설한다.
④ V결선시 출력은 △ 결선시 출력과 그 크기가 같다.

Explanation

V결선 : △-△결선에서 변압기 1대 고장 시 변압기 2대만으로 3상 전력의 공급이 가능

① 3상 출력 $P_V = \sqrt{3}\, V_p I_p = \sqrt{3}\, K$

　여기서, K : 변압기 1대 용량

② 이용률 $= \dfrac{\sqrt{3}\, K}{2K} \times 100 = 86.6[\%]$

　출력비 $= \dfrac{V결선의\ 출력}{\triangle 결선의\ 출력} = \dfrac{\sqrt{3}\, K}{3K} \times 100 = 57.7[\%]$

정답 ▶ ④

 필살기

> V결선 : 출력비(△결선에 비해) 57.7[%]
> 　　　　이용률 86.6[%]

---

06 권상기, 기중기 등으로 물건을 내릴 때와 같이 전동기가 가지는 운동에너지를 발전기로 동작시켜 발생한 전력을 반환시켜서 제동하는 방식은?

① 역전제동
② 발전제동
③ 회생제동
④ 와류제동

Explanation

전동기 제동법
- 발전제동 : 전동기를 전원에서 분리하여 발전기로 동작시켜 그 출력을 저항에서 열로 소비하여 제동하는 방식
- 회생제동 : 회전체에 축전된 운동에너지를 전원측으로 반환하면서 제동을 하는 방법
- 역상제동 : 전동기의 회전방향을 변경하여 역토크에 제동하는 방식, 급제동

정답 ▶ ③

 필살기

> 회생제동 : 전력을 전원으로 되돌림(반환)

---

07 극수 10, 동기속도 600[rpm]인 동기 발전기에서 나오는 전압의 주파수는 몇 [Hz]인가?

① 50　　　② 60　　　③ 80　　　④ 120

Explanation

동기속도 $N_s = \dfrac{120f}{p}$ [rpm]

주파수 $f = \dfrac{N_s \cdot p}{120} = \dfrac{600 \times 10}{120} = 50[\text{Hz}]$

정답 ▶ ①

 필살기

> 동기속도 $N_s = \dfrac{120f}{p}$

08 6극 60[Hz] 3상 유도전동기의 동기속도는 몇 [rpm]인가?

① 200
② 750
③ 1,200
④ 1,800

Explanation

동기속도 $N_s = \dfrac{120f}{p} = \dfrac{120 \times 60}{6} = 1,200\,[\text{rpm}]$

정답 ▶ ③

 필살기

> 동기속도 $N_s = \dfrac{120f}{p}$

09 정전용량이 같은 콘덴서 10개가 있다. 이것을 병렬 접속할 때의 값은 직렬 접속할 때 값보다 어떻게 되는가?

① $\dfrac{1}{10}$로 감소한다.
② $\dfrac{1}{100}$로 감소한다.
③ 10배로 증가한다.
④ 100배로 증가한다.

Explanation

- 콘덴서의 병렬 합성용량 : $C_P = nC$
- 콘덴서의 직렬 합성용량 : $C_s = \dfrac{1}{n}C$

$\therefore \dfrac{C_p}{C_s} = \dfrac{nC}{\dfrac{C}{n}} = n^2 = 10^2 = 100$

따라서 병렬은 직렬보다 정전용량이 100배로 증가한다.

정답 ▶ ④

 필살기

> 콘덴서의 연결 : 병렬 연결 시 정전용량이 증가
> 직렬 연결 시 정전용량이 감소

10 동기발전기에서 전기자 전류가 기전력보다 90°만큼 위상이 앞설 때의 전기자 반작용?

① 교차자화작용
② 감자작용
③ 편자작용
④ 증자작용

Explanation

동기발전기의 전기자 반작용

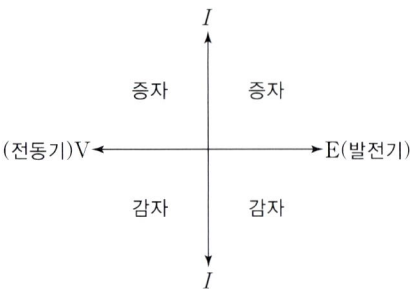

- 횡축 반작용(교차자화작용) : 유기기전력과 전기자전류가 동상일 때
- 직축 반작용
  - 증자작용 : 유기기전력보다 $\frac{\pi}{2}$ 앞선 전류가 흐를 때
  - 감자작용 : 유기기전력보다 $\frac{\pi}{2}$ 뒤진 전류가 흐를 때

정답 ▶ ④

 필살기

동기발전기의 전기자 반작용 : 앞선 전류 - 증자
늦은 전류 - 감자

11 수·변전 설비의 고압회로에 걸리는 전압을 표시하기 위해 전압계를 시설할 때 고압회로와 전압계 사이에 시설하는 것은?
① 관통형 변압기 ② 변류기
③ 계기용 변압기 ④ 권선형 변류기

Explanation

계기용 변압기(Potential Transformer : PT)
- 고전압을 저전압으로 변성하여 배전반의 전압계나 전력계, 주파수계, 역률계, 표시등의 전원으로 사용
- 2차 전압 : 110[V]
- 점검시 : 2차측 개방(2차측 과전류 방지)

정답 ▶ ③

 필살기

고압회로에 전압계 시설 : 계기용 변압기(PT)

12 직류 발전기에서 전압 정류의 역할을 하는 것은?
① 보극 ② 탄소브러시
③ 전기자 ④ 리액턴스 코일

Explanation

직류발전기 정류 개선법
- 보극 : 전압정류
- 탄소브러시(접촉 저항이 클 것) : 저항정류

> **필살기**
> 직류기 정류 : 보극(전압정류)

정답 ▶ ①

13 2분간에 876,000[J]의 일을 하였다. 그 전력은 얼마인가?
① 7.3[kW]
② 29.2[kW]
③ 73[kW]
④ 438[kW]

Explanation

전력량 : 전기가 t[sec] 동안 한 일의 양, W[J]
전력 : 전기가 단위 시간 당에 한 일, P[W]
따라서 전력량(일) $W = Pt$ [J]에서
전력 $P = \dfrac{W}{t} = \dfrac{876,000}{2 \times 60} = 7,300$[W]
$\quad = 7.3$[kW]

정답 ▶ ①

> **필살기**
> 전력 $P = \dfrac{W[\text{J}]}{t[\text{sec}]}$ [W]

14 대칭 3상 전압에 △ 결선으로 부하가 구성되어 있다. 3상 중 한 선이 단선되는 경우, 소비되는 전력은 끊어지기 전과 비교하여 어떻게 되는가?
① $\dfrac{3}{2}$ 으로 증가한다.
② $\dfrac{2}{3}$ 로 줄어든다.
③ $\dfrac{1}{3}$ 로 줄어든다.
④ $\dfrac{1}{2}$ 로 줄어든다.

Explanation

- △ 결선했을 때의 전력 $P_\triangle = 3 \times \dfrac{V^2}{R}$ [W]
- 한 선이 단선되었을 때의 등가회로

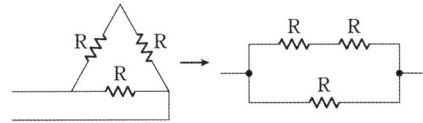

합성저항 $R = \dfrac{2R \cdot R}{2R + R} = \dfrac{2R^2}{3R} = \dfrac{2R}{3}$

전력 $P_o = \dfrac{V^2}{\dfrac{2R}{3}} = \dfrac{3V^2}{2R} = \dfrac{1}{2} P_\triangle$

정답 ▶ ④

 필살기

△결선에서 한 선이 단선되면 단상이며 전력은 △결선의 $\frac{1}{2}$이 된다.

15 전기력선의 성질 중 맞지 않는 것은?
① 전기력선은 양(+)전하에서 나와 음(-)전하에서 끝난다.
② 전기력선의 접선방향이 전장의 방향이다.
③ 전기력선은 도중에 만나거나 끊어지지 않는다.
④ 전기력선은 등전위면과 교차하지 않는다.

Explanation

전기력선의 성질
- 전기력선의 (접선)방향＝전계의 방향
- 전계의 세기＝전기력선의 밀도(가우스의 법칙)
- 불연속(서로 교차하지 않는다 → 자신만으로 폐곡선을 이루지 않는다)
- 양전하(+)에서 음전하(-)로 이동
- 전위가 높은 곳에서 낮은 곳으로 이동
- 등전위면(도체 표면)과 수직 교차
- 전하가 없는 곳에서 발생이나 소멸이 없다.

정답 ▶ ④

 필살기

전기력선 : 등전위면(도체 표면)과 수직 교차
양전하(+)에서 음전하(-)로 이동

16 한국전기설비규정에 의하여 전주의 길이가 16[m]인 지지물을 건주하는 경우에 땅에 묻히는 최소 깊이는 몇 [m]인가? 단, 설계하중은 6.8[kN] 이하이다.
① 1.5
② 2.0
③ 2.5
④ 3.5

Explanation

(KEC 331.7조) 가공전선로 지지물의 기초의 안전율
강관을 주체로 하는 철주 또는 철근 콘크리트주로서 그 전체 길이가 16[m] 이하, 설계하중이 6.8[kN] 이하인 것
① 전체의 길이가 15[m] 이하인 경우는 땅에 묻히는 깊이를 전체길이의 6분의 1이상
② 전체의 길이가 15[m]를 초과하는 경우는 땅에 묻히는 깊이를 2.5[m] 이상으로 할 것.

정답 ▶ ③

 필살기

15[m] 이하 : $\frac{1}{6}$ 이상, 15[m] 초과 : 2.5[m] 이상

17 한국전기설비규정에 의한 교통신호등의 제어장치의 2차측 배선의 최대사용전압은 몇 [V] 이하인가?

① 60
② 100
③ 300
④ 400

Explanation

(KEC 234.15조) 교통신호등 사용전압
교통신호등 제어장치의 2차측 배선의 최대사용전압은 300[V] 이하이어야 한다.

정답 ▶ ③

필살기

교통신호등 : 300[V]

---

18 2[F], 4[F], 6[F]의 콘덴서 3개를 병렬로 접속했을 때의 합성 정전용량은 몇 [F]인가?

① 1.5
② 4
③ 8
④ 12

Explanation

- 콘덴서 직렬접속 정전용량 $C_s = \dfrac{C_1 \times C_2}{C_1 + C_2}[\text{F}]$
- 콘덴서 병렬접속 정전용량 $C_p = C_1 + C_2 [\text{F}]$
- ∴ 합성 정전용량 $C_T = C_1 + C_2 + C_3 = 2 + 4 + 6 = 12[\text{F}]$

정답 ▶ ④

필살기

콘덴서 병렬연결 시 정전용량 : 전부 더한다

---

19 그림에서 $C_1 = 1[\mu\text{F}]$, $C_2 = 2[\mu\text{F}]$, $C_3 = 2[\mu\text{F}]$일 때 합성 정전용량은 몇 [μF]인가?

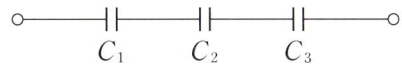

① $\dfrac{1}{2}$
② $\dfrac{1}{5}$
③ 3
④ 5

Explanation

직렬접속 정전용량 $C_s = \dfrac{1}{\dfrac{1}{C_1} + \dfrac{1}{C_2}} = \dfrac{C_1 C_2}{C_1 + C_2}[\text{F}]$

∴ $C = \dfrac{1}{\dfrac{1}{C_1} + \dfrac{1}{C_2} + \dfrac{1}{C_3}} = \dfrac{C_1 C_2 C_3}{C_1 C_2 + C_2 C_3 + C_3 C_1}$

$$= \frac{1 \times 2 \times 2}{1 \times 2 + 2 \times 2 + 2 \times 1} = \frac{4}{8} = \frac{1}{2}[\mu F]$$

정답 ▶ ①

> **필살기**
>
> 콘덴서 직렬연결 시 정전용량 : 제일 적은 용량보다 적게 된다. 따라서 답은 1보다 적어야 한다.
> 같은 용량의 콘덴서를 직렬로 연결하면 정전용량은 $\frac{1}{2}$이 된다.

20 한국전기설비규정에 의한 가공전선의 지지물에 승탑 또는 승강용으로 사용하는 발판 볼트 등은 지표상 몇 [m] 미만에 시설하여서는 안 되는가?

① 1.2
② 1.5
③ 1.6
④ 1.8

Explanation

(KEC 331.4조) 가공전선로 지지물의 철탑오름 및 전주오름 방지
가공전선로의 지지물에 취급자가 오르고 내리는 데 사용하는 발판 볼트 등을 지표상 1.8[m] 미만에 시설하여서는 아니 된다.

정답 ▶ ④

> **필살기**
>
> 발판 볼트 : 1.8[m]

21 한국전기설비규정에 의하여 합성수지관 상호 및 관과 박스는 접속 시에 삽입하는 깊이를 관 바깥지름의 몇 배 이상으로 하여야 하는가? 단, 접착제를 사용하지 않은 경우이다.

① 0.2
② 0.5
③ 1
④ 1.2

Explanation

(KEC 232.11.3조) 합성수지관 및 부속품의 시설
① 관 상호 간 및 박스와는 관을 삽입하는 깊이를 관의 바깥지름의 1.2배(접착제를 사용하는 경우에는 0.8배) 이상으로 하고 또한 꽂음 접속에 의하여 견고하게 접속할 것.
② 관의 지지점 간의 거리는 1.5[m] 이하로 하고, 또한 그 지지점은 관의 끝관과 박스의 접속점 및 관 상호 간의 접속점 등에 가까운 곳에 시설할 것.

정답 ▶ ④

>
>
> 합성수지관 접속 : 1.2배(접착제 0.8배)

22 부하의 변동에 대하여 단자전압의 변화가 가장 적은 직류발전기는?
① 직권 ② 분권
③ 평복권 ④ 과복권

Explanation

직류발전기의 전압변동률 $\epsilon = \dfrac{V_o - V_n}{V_n} \times 100 \, [\%]$

여기서, V_0 : 무부하 시 단자전압, V_n : 부하 시 단자전압
- $\epsilon(+)$: 타여자, 분권 ($V_0 > V_n$)
- $\epsilon(0)$: 평복권 ($V_0 = V_n$)
- $\epsilon(-)$: 과복권 ($V_0 < V_n$)

정답 ▶ ③

 필살기

> 평복권(전압변동률 0) : 부하의 변동에 대하여 단자전압의 변화가 가장 적은 발전기

---

23 다음의 전동기 제동방법 중 급정지하는 데 가장 좋은 제동방법은?
① 발전제동 ② 회생제동
③ 역상제동 ④ 단상제동

Explanation

제동법
- 발전제동 : 운전 중의 전동기를 전원에서 분리하여 단자에 적당한 저항을 접속하고 이것을 발전기로 동작시켜 부하 전류를 저항에서 열로 소비하여 제동
- 회생제동 : 전동기를 발전기로 동작시켜 그 유도기전력을 전원 전압보다 크게 함으로써 전력을 전원에 되돌려 보내면서 제동시키는 경제적인 방법
- 역상제동(플러깅) : 3상 중 2상의 접속을 변경하여 회전 방향과 반대의 토크를 발생시켜 급정지 시키는 방법

정답 ▶ ③

 필살기

> 급정지 : 역상제동

---

24 다음 중 자기소호 기능이 가장 좋은 소자는?
① SCR ② GTO
③ TRIAC ④ LASCR

Explanation

GTO(Gate Turn-off Thyristor)

GTO(Gate Turn-off Thyristor)는 역저지 3극 사이리스터로서 게이트에 흐르는 전류를 점호할 때의 전류와 반대 방향의 전류를 흐르게 함으로써 소호가 가능하므로 자기소호 기능이 있는 사이리스터이다.

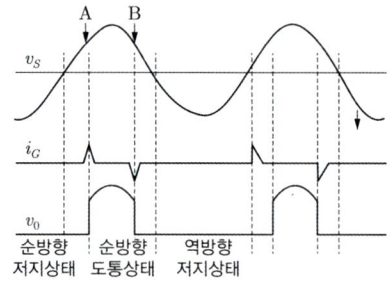

정답 ▶ ②

GTO : 자기소호 기능

25 전동기에 접지공사를 하는 주된 이유는?

① 보안상
② 미관상
③ 역률 증가
④ 감전사고 방지

Explanation

접지(ground, earth)
전기 회로나 전기 기기를 도체로 대지에 연결하는 것. 이상 전압 발생 시에도 고장 전류를 대지로 흘려보내, 대지와 같은 전위로 유지하여 기기와 인체를 보호하기 위해 시설

정답 ▶ ④

접지공사 목적 : 감전사고 방지

26 다음에서 나타내는 법칙은?

> 유도기전력은 자신이 발생 원인이 되는 자속의 변화를 방해하려는 방향으로 발생한다.

① 줄의 법칙
② 렌츠의 법칙
③ 플레밍의 법칙
④ 패러데이의 법칙

Explanation

패러데이-렌츠의 전자유도 법칙
① 패러데이 법칙(Faraday's law)
  "전자유도에 의해 회로에 발생하는 기전력은 자속 쇄교수의 시간에 대한 감쇠율에 비례하며 권수에 비례한다."
  유기기전력의 크기를 나타내는 법칙
② 렌츠의 법칙(Lenz's law)
  "전자 유도에 의해 회로에 발생하는 기전력은 자속의 증감을 방해하는 방향으로 발생된다."
  "전류가 흐르려고 하면 코일은 전류의 흐름을 방해한다. 또, 전류가 감소하면 이를 계속 유지하려고 하는 성질"
  유기기전력의 방향을 나타내는 법칙

정답 ▶ ②

> 유기(유도)기전력의 크기 : 페레데이 법칙
> 유기(유도)기전력의 방향(전류의 흐름을 방해) : 렌츠의 법칙

27 단상 유도 전동기의 기동 방법 중 기동 토크가 가장 큰 것은?
① 반발 기동형
② 분상 기동형
③ 반발 유도형
④ 콘덴서 기동형

Explanation

단상유도전동기(기동 토크가 큰 순서)
반발 기동형 > 반발 유도형 > 콘덴서 기동형 > 분상 기동형 > 셰이딩코일형 > 모노사이클릭형

정답 ▶ ①

> 단상유도전동기 기동토크가 가장 큰 것 : 반발 기동형

28 2[Ω]의 저항과 3[Ω]의 저항을 직렬로 접속할 때 합성 컨덕턴스는 몇 [℧]인가?
① 5
② 2.5
③ 1.5
④ 0.2

Explanation

합성저항 $R = 2+3 = 5[\Omega]$

합성컨덕턴스 $G = \dfrac{1}{R} = \dfrac{1}{5} = 0.2[℧]$

정답 ▶ ④

> 컨덕턴스는 저항의 역수 : $G = \dfrac{1}{R}[℧]$

29 다음 중 차단기를 시설해야 하는 곳으로 가장 적당한 것은?
① 고압에서 저압으로 변성하는 2차 측의 저압측 전선
② 전로의 일부에 접지공사를 한 저압 가공전선로의 접지측 전선
③ 다선식 전로의 중성선
④ 접지공사의 접지도체

Explanation

(KEC 341.11조) 과전류 차단기의 시설 제한
• 접지공사의 접지도체
• 다선식 전로의 중성선
• 전로의 일부에 접지공사를 한 저압 가공선로의 접지측 전선

정답 ▶ ①

 필살기

차단기 금지 : 접지, 중성선

30 변압기 백분율 저항강하가 2[%], 백분율 리액턴스강하가 3[%]일 때 부하역률이 80[%]인 변압기의 전압변동률[%]은?

① 1.2
② 2.4
③ 3.4
④ 3.6

Explanation

변압기의 전압변동률 $\epsilon = \dfrac{V_{20} - V_{2n}}{V_{2n}} \times 100\,[\%]$

$= p\cos\theta \pm q\sin\theta$ (여기서, + : 지상, - : 진상)

여기서, p : %저항강하, q : %리액턴스 강하

따라서 전압변동률 $\epsilon = p\cos\theta + q\sin\theta$
$= 2 \times 0.8 + 3 \times 0.6 = 3.4\,[\%]$

※ $\sin\theta = \sqrt{1 - \cos^2\theta} = \sqrt{1 - 0.8^2} = 0.6$

정답 ▶ ③

 필살기

전압변동률 $\epsilon = p\cos\theta + q\sin\theta$

CHAPTER 03 엄선된 필수 기출문제 98선

 3회 이상 출제

01 다음 중 파형률을 나타낸 것은?

① $\dfrac{실횻값}{평균값}$ ② $\dfrac{최댓값}{실횻값}$

③ $\dfrac{평균값}{실횻값}$ ④ $\dfrac{실횻값}{최댓값}$

Explanation

- 파형률(form factor) = $\dfrac{실횻값}{평균값}$
- 파고율(crest factor) = $\dfrac{최댓값}{실횻값}$

정답 ▶ ①

 필살기

파형률(form factor) = $\dfrac{실}{평}$

02 회로에 흐르는 전류의 크기는 저항에 (㉠)하고, 가해진 전압에 (㉡) 한다. ( )에 알맞은 내용을 바르게 나열한 것은?

① ㉠ 비례   ㉡ 비례
② ㉠ 비례   ㉡ 반비례
③ ㉠ 반비례 ㉡ 비례
④ ㉠ 반비례 ㉡ 반비례

Explanation

옴의 법칙 $I = \dfrac{V}{R}$ [A]

전류는 저항에 반비례하고 전압에 비례한다.

정답 ▶ ③

 필살기

옴의 법칙 : 전류는 저항에 반비례하고 전압에 비례

03 다음 중 절연저항을 측정하는 것은?

① 캘빈 더블 브리지법　　　　　② 전압전류계법
③ 휘스톤 브리지법　　　　　　　④ 메거

Explanation

저항 측정
① 저 저항 측정 (1 [Ω] 이하)
 - 캘빈 더블 브리지법 : 저 저항 정밀 측정에 사용, 굵은 나전선의 저항측정
② 중 저항 측정
 - 전압 강하법 : 백열전구의 필라멘트 저항 측정 등에 사용
 - 휘스톤 브리지법 : 검류계 내부저항, 수천 옴의 가는 전선의 저항
③ 특수 저항 측정
 - 콜라우시 브리지법 : 접지저항 측정, 전해액의 저항 측정
 - **메거(megger) : 절연저항 측정**

정답 ▶ ④

필살기

메거 : 절연저항 측정

---

04 그림은 일반적인 반파 정류 회로이다. 변압기 2차 전압의 실횻값을 E [V]라 할 때 직류 전류 평균값은?

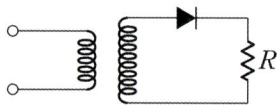

① $\dfrac{E}{R}$　　　　　　　　② $\dfrac{1}{2}\dfrac{E}{R}$

③ $\dfrac{2\sqrt{2}\,E}{\pi R}$　　　　　　　④ $\dfrac{\sqrt{2}\,E}{\pi R}$

Explanation

반파 정류회로에서 직류측 전압 $E_d = \dfrac{\sqrt{2}\,E}{\pi} = 0.45E$ (E : 전원전압)

직류측 전류 $I_d = \dfrac{E_d}{R} = \dfrac{\sqrt{2}}{\pi} \times \dfrac{E}{R} = 0.45\dfrac{E}{R}$

정답 ▶ ④

필살기

다이오드 1개 : 반파정류회로, 직류값 $E_d = \dfrac{\sqrt{2}\,E}{\pi} = 0.45E$

05 변압기의 규약 효율은?

① $\eta = \dfrac{출력}{입력} \times 100[\%]$
② $\eta = \dfrac{출력}{출력+손실} \times 100[\%]$
③ $\eta = \dfrac{출력}{입력+손실} \times 100[\%]$
④ $\eta = \dfrac{입력+손실}{입력} \times 100[\%]$

Explanation

$\eta = \dfrac{입력+손실}{입력} \times 100[\%]$ (전동기)

$\eta = \dfrac{출력}{출력+손실} \times 100[\%]$ (발전기, 변압기)

정답 ▶ ②

 필살기

변압기 효율 : 출력을 기준으로 계산

06 5.5[kW], 200[V] 3상 유도전동기의 전전압 기동 시의 기동전류가 150[A]이었다. 여기에 Y-△ 기동시 기동전류는 몇 [A]가 되는가?

① 50
② 70
③ 87
④ 95

Explanation

농형 유도전동기의 기동법
- 전전압 기동(직입기동) : 5[kW] 이하의 소형
- Y-△기동 : 기동전류 제한을 위해 (5~15[kW] 정도)
  기동전류 : 1/3, 기동전압 : $1/\sqrt{3}$
- 기동보상기법 : 단권변압기를 이용한 감전압 기동, 15[kW] 이상
- 리액터기동 : 전동기에 직렬로 리액터를 설치하여 감전압 기동

기동전류 $I_Y = \dfrac{1}{3} I = \dfrac{1}{3} \times 150 = 50[A]$

정답 ▶ ①

 필살기

Y-△기동 : 기동전류 : 전전압 기동전류의 $\dfrac{1}{3}$

07 한국전기설비규정에 의하여 화약류 저장소 안에는 백열전등이나 형광등 또는 이에 전기를 공급하기 위한 공작물에 한하여 전로의 대지전압은 몇 [V] 이하의 것을 사용하는가?

① 100[V]
② 200[V]
③ 300[V]
④ 400[V]

Explanation

(KEC 242.5.1조) 화약류 저장소에서 전기설비의 시설
화약류 저장소 안에는 백열전등이나 형광등 또는 이에 전기를 공급하기 위한 공작물에 한하여 다음과 같이 시설할 수 있다.
- 전로의 대지전압은 300[V] 이하일 것
- 전기 기계 기구는 전폐형의 것일 것
- 전용의 개폐기 및 과전류 차단기를 화약류 저장소 이외의 곳에 취급자 이외의 자가 쉽게 조작할 수 없도록 시설하고 전로에 지기가 생길 때에 자동적으로 전로를 차단하거나 경보하는 장치를 할 것
- 전용의 개폐기 또는 과전류 차단기에서 화약류 저장소 인입구까지의 배선에는 케이블을 사용하여 지하에 시설하여야 한다.

정답 ▶ ③

 필살기

대지전압 : 300[V]

08 경질비닐전선관 1본의 표준 길이는?
① 3[m] ② 3.6[m]
③ 4[m] ④ 4.6[m]

Explanation

KS C 8431 경질폴리염화비닐전선관(PVC(Polyvinyl chloride pipe))
- 1본의 길이 : 4[m]
- 규격[mm] : 14, 16, 22, 28, 36, 42, 54, 70, 82, 100

정답 ▶ ③

 필살기

경질비닐전선관 : 4[m]
금속관 : 3.66[m]

09 한국전기설비규정에 의하여 절연전선을 동일 금속덕트 내에 넣을 경우 금속덕트의 크기는 전선의 피복절연물을 포함한 단면적의 총합계가 금속덕트 내 단면적 몇 [%] 이하가 되도록 선정하여야 하는가? 단, 제어회로 등의 배선에 사용하는 전선만을 넣는 경우이다.
① 30[%] ② 40[%]
③ 50[%] ④ 60[%]

Explanation

(KEC 232.31조) 금속덕트공사
① 전선은 절연전선(옥외용 비닐절연전선을 제외한다)일 것.
② 금속덕트에 넣은 전선의 단면적(절연피복의 단면적을 포함한다)의 합계는 덕트의 내부 단면적의 20[%](전광표시 장치 기타 이와 유사한 장치 또는 제어회로 등의 배선만을 넣는 경우에는 50[%]) 이하일 것.
③ 금속덕트 안에는 전선에 접속점이 없도록 할 것. 다만, 전선을 분기하는 경우에는 그 접속점을 쉽게 점검할 수 있는 때에는 그러하지 아니하다.

정답 ▶ ③

> 금속덕트공사 : 내단면적의 20[%](전광표시, 제어회로 50[%])

10 220[V]용 100[W] 전구와 200[W] 전구를 직렬로 연결하여 220[V]의 전원에 연결하면?
① 두 전구의 밝기가 같다.
② 100[W]의 전구가 더 밝다.
③ 200[W]의 전구가 더 밝다.
④ 두 전구 모두 안 켜진다.

Explanation

정격 P[W]-V[V]은 $P = \dfrac{V^2}{R}$로 계산

- 100[W] 전구의 저항 $R_1 = \dfrac{V^2}{P} = \dfrac{220^2}{100} = 484[\Omega]$
- 200[W] 전구의 저항 $R_2 = \dfrac{V^2}{P} = \dfrac{220^2}{200} = 242[\Omega]$

따라서 직렬연결하므로 소비전력은 $P = I^2 R$로 계산하므로, 저항의 크기가 큰 100[W] 전구가 더 밝다.

정답 ▶ ②

> 전구의 직렬연결 : 소비전력이 적은 쪽이 더 밝다.

11 그림의 브리지 회로에서 평형이 되었을 때의 C_x는?

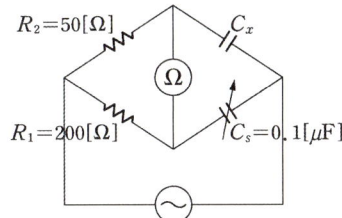

① 0.1[μF] ② 0.2[μF] ③ 0.3[μF] ④ 0.4[μF]

Explanation

브리지 평형 : 서로 대각끼리 마주보고 있는 임피던스의 곱이 서로 같으면 평형

$R_1 \times \dfrac{1}{j\omega C_x} = R_2 \times \dfrac{1}{j\omega C_s}$ 에서 $\dfrac{R_1}{C_x} = \dfrac{R_2}{C_s}$ 이므로

$\therefore C_x = \dfrac{R_1 C_s}{R_2} = \dfrac{200 \times 0.1}{50} = 0.4[\mu F]$

정답 ▶ ④

> 브리지 평형 : $R_1 C_s = R_2 C_x$ (이웃하는 임피던스끼리 곱해서 같으면 된다)

12 기전력 V_0[V], 내부저항이 r[Ω]인 n개의 전지를 직렬로 연결하였다. 전체 내부저항은 얼마인가?

① $\dfrac{r}{n}$ ② nr

③ $\dfrac{r}{n^2}$ ④ nr^2

Explanation

직렬로 전지가 n개 연결되면 전체 내부저항 $R_0 = nr$[Ω]

병렬로 전지가 n개 연결되면 전체 내부저항 $R_0 = \dfrac{r}{n}$[Ω]

정답 ▶ ②

 필살기

전지의 직렬연결 : 기전력, 저항 전부 n배

13 그림의 병렬 공진회로에서 공진 임피던스 Z_0[Ω]은?

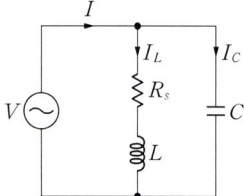

① $\dfrac{L}{CR}$ ② $\dfrac{CL}{R}$

③ $\dfrac{R}{CL}$ ④ $\dfrac{CR}{L}$

Explanation

병렬회로의 전체 어드미턴스는 Y는

$$Y = \dfrac{1}{R+j\omega L} + j\omega C$$
$$= \dfrac{R}{R^2+(\omega L)^2} + j\left(\omega C - \dfrac{\omega L}{R^2+(\omega L)^2}\right)$$

유입 전류를 최소로 하려면 병렬 공진되어야 하므로 병렬공진 조건인 어드미턴스의 허수부가 0으로 하려면

$\omega C = \dfrac{\omega L}{R^2+(\omega L)^2}$ 에서 $R^2 + \omega^2 L^2 = \dfrac{L}{C}$

공진 시 어드미턴스는 $Y = \dfrac{R}{R^2+\omega^2 L^2}$ 에서

$R^2 + \omega^2 L^2 = \dfrac{L}{C}$ 를 대입하면

공진 시 어드미턴스 $Y_r = \dfrac{R}{R^2+\omega^2 L^2} = \dfrac{R}{\dfrac{L}{C}} = \dfrac{RC}{L}$

∴ 임피던스 $Z = \dfrac{1}{Y_r} = \dfrac{L}{RC}$

정답 ▶ ①

> 일반적인 공진 : 임피던스 $Z = \dfrac{1}{Y_r} = \dfrac{L}{RC}$

14 한국전기설비규정에 의한 플로어덕트 공사의 설명 중 옳지 않은 것은?
① 덕트 상호 간 접속은 견고하고 전기적으로 완전하게 접속하여야 한다.
② 덕트의 끝 부분은 개방한다.
③ 덕트 및 박스 기타 부속품은 물이 고이는 부분이 없도록 시설하여야 한다.
④ 플로어덕트 안에는 전선에 접속점이 없도록 할 것(다만, 전선을 분기하는 경우에 접속점을 쉽게 점검할 수 있을 때 제외)

Explanation

(KEC 232.32조) 플로어덕트공사
① 플로어덕트 안에는 전선에 접속점이 없도록 할 것. 다만, 전선을 분기하는 경우에 접속점을 쉽게 점검할 수 있을 때에는 그러하지 아니하다.
② 덕트 상호 간 및 덕트와 박스 및 인출구와는 견고하고 또한 전기적으로 완전하게 접속할 것.
③ 덕트 및 박스 기타의 부속품은 물이 고이는 부분이 없도록 시설하여야 한다.
④ 박스 및 인출구는 마루 위로 돌출하지 아니하도록 시설하고 또한 물이 스며들지 아니하도록 밀봉할 것.
⑤ 덕트의 끝부분은 막을 것.

정답 ▶ ②

> 모든 덕트공사 : 덕트의 끝부분은 막는다.

15 무대, 무대마루밑, 오케스트라 박스, 영사실 기타 사람이나 무대 도구가 접촉할 우려가 있는 장소에 시설하는 저압옥내배선, 전구선 또는 이동전선은 사용전압이 몇 [V] 이하이어야 하는가?
① 60[V]   ② 110[V]
③ 220[V]   ④ 400[V]

Explanation

(KEC 242.6조) 전시회, 쇼 및 공연장의 전기설비
무대ㆍ무대마루 밑ㆍ오케스트라 박스ㆍ영사실 기타 사람이나 무대 도구가 접촉할 우려가 있는 곳에 시설하는 저압 옥내배선, 전구선 또는 이동전선은 사용전압이 400[V] 이하이어야 한다.

정답 ▶ ④

> 무대, 오케스트라 박스, 쇼윈도, 쇼케이스 : 400[V] 이하

16 다음의 심벌 명칭은 무엇인가?

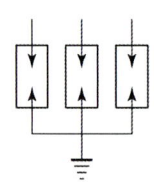

① 파워퓨즈 ② 단로기
③ 피뢰기 ④ 고압 컷아웃 스위치

Explanation

명칭	약호	심벌(단선도)	용도(역할)
단로기	DS		무부하 전류 개폐
피뢰기	LA	LA	이상전압 내습 시 대지로 방전하고 속류 차단
전력 퓨즈	PF		단락 전류 차단
컷아웃 스위치	COS		기계 기구(변압기)를 과전류로부터 보호

정답 ▶ ③

필살기
> 피뢰기 : 이상전압 내습 시 대지로 방전하고 속류 차단

17 5[Ω], 10[Ω], 15[Ω]의 저항을 직렬로 접속하고 전압을 가하였더니 10[Ω]의 저항 양단에 30[V]의 전압이 측정되었다. 이 회로에서 공급되는 전전압은 몇 [V]인가?

① 30[V] ② 60[V]
③ 90[V] ④ 120[V]

Explanation

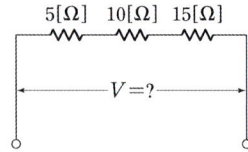

저항이 직렬로 연결되면 각 저항에 흐르는 전류는 일정하다.

그러므로 10[Ω]에 흐르는 전류를 구하면 $I = \dfrac{V}{R} = \dfrac{30}{10} = 3[A]$이며, 모든 저항에 흐르는 전류는 동일하다.

각 저항에 걸리는 전압을 구하면
$V_{5\Omega} = IR = 3 \times 5 = 15[V]$
$V_{10\Omega} = IR = 3 \times 10 = 30[V]$
$V_{15\Omega} = IR = 3 \times 15 = 45[V]$

따라서 전체전압 $V = 15 + 30 + 45 = 90[V]$

정답 ▶ ③

필살기
저항 직렬연결 : 회로의 전류는 전부 같다.

---

18 다음 중 1차 전지에 해당하는 것은?
① 망간 건전지
② 납축전지
③ 니켈, 카드뮴 전지
④ 리튬이온 전지

Explanation

전지의 종류
- 1차 전지 : 한 번 방전하면 재사용할 수 없는 전지
  망간건전지, 알카라인, 리튬, 수은 전지
- 2차 전지 : 방전 후 충전하여 재사용할 수 있는 전지
  니켈-카드뮴 전지, 납축전지, 리튬이온 전지, 니켈-수소 전지, 알칼리축전지

정답 ▶ ①

필살기
1차 전지(건전지) : 망간건전지, 수은건전지

---

19 60[Hz] 3상 반파 정류 회로의 맥동 주파수는?
① 60[Hz]
② 120[Hz]
③ 180[Hz]
④ 360[Hz]

Explanation

$$맥동률 = \frac{교류분}{직류분} \times 100 = \sqrt{\frac{실횻값^2 - 평균값^2}{평균값^2}} \times 100[\%]$$

정류회로 비교

구분	단상반파	단상전파	3상반파	3상전파
직류 전압	$E_d = 0.45E$	$E_d = 0.9E$	$E_d = 1.17E$	$E_d = 1.35E$
맥동 주파수	f	2f	3f	6f
맥동률	121[%]	48[%]	17[%]	4[%]

정답 ▶ ③

필살기
3상 반파 : 맥동률 17[%], 주파수 3f

20 한국전기설비규정에 의하여 가공전선에 케이블을 사용하는 경우에는 케이블은 조가용선에 행거를 사용하여 조가한다. 사용전압이 고압일 경우 그 행거의 간격은?

① 0.5[m] 이하
② 0.5[m] 이상
③ 0.75[m] 이하
④ 0.75[m] 이상

Explanation

(KEC 332.2조) 가공케이블의 시설
① 케이블은 조가용선에 행거로 시설할 것. 이 경우에는 사용전압이 고압인 때에는 행거의 간격은 0.5[m] 이하로 하는 것이 좋다. 조가용선의 케이블에 접촉시켜 그 위에 쉽게 부식하지 아니하는 금속 테이프 등을 0.2[m] 이하의 간격을 유지
② 조가용선은 인장강도 5.93[kN] 이상의 것 또는 단면적 22[mm²] 이상인 아연도강연선일 것.
③ 조가용선 및 케이블의 피복에 사용하는 금속체에는 접지공사를 할 것.

정답 ▶ ①

 필살기

조가용선 : 행거 간격 0.5[m] 이하

---

21 1[cm]당 권선수가 10인 무한 솔레노이드에 1[A]의 전류가 흐르고 있을 때 솔레노이드 외부 자계의 세기 [AT/m]는?

① 0
② 10
③ 100
④ 1,000

Explanation

무한장 솔레노이드의 자계의 세기
$H = n_0 I$ [AT/m]   여기서, n_0 : m당 권수
• 내부는 평등자장으로 자계의 세기는 $H = n_0 I$ [AT/m]
• 외부의 자계의 세기는 $H = 0$이다.

정답 ▶ ①

 필살기

솔레노이드 외부자계 : 0

---

22 그림과 같은 회로에서 A, B 간에 E[V]의 전압을 가하여 일정하게 하고, 스위치 S를 닫았을 때의 전전류 I[A]가 닫기 전 전류의 3배가 되었다면 저항 R_X의 값은 약 몇 [Ω]인가?

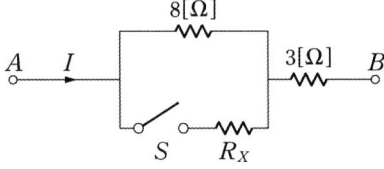

① 0.73
② 1.44
③ 2.16
④ 2.88

Explanation

스위치를 닫았을 때의 전체 전류가 닫기 전 전류의 3배이므로 $I_1 = 3I_2$ [A]

여기서, I_1 : 스위치를 닫았을 때의 전류,
I_2 : 스위치를 닫기 전 전류

스위치를 닫았을 때의 합성저항 $R_1 = \dfrac{8R_x}{8+R_x} + 3 = \dfrac{1}{3}R_2 [\Omega]$

스위치를 닫기 전 합성저항 $R_2 = 8 + 3 = 11 [\Omega]$

$\therefore R_1 = \dfrac{1}{3}R_2 = \dfrac{11}{3} \fallingdotseq 3.67 [\Omega]$

$R_1 = \dfrac{8R_x}{8+R_x} + 3 = 3.67 [\Omega] \qquad \therefore R_x \fallingdotseq 0.73 [\Omega]$

정답 ▶ ①

필살기

전류가 3배 → 저항은 1/3배

---

23 애벌런치 항복 전압은 온도 증가에 따라 어떻게 변화하는가?

① 감소한다. ② 증가한다.
③ 증가했다 감소한다. ④ 무관하다.

Explanation

애벌런치 항복 전압
- 역바이어스된 pn접합에서 자유전자가 기하급수적으로 늘어나는 현상
- 온도 혹은 농도가 증가하면 항복 전압도 증가한다.

정답 ▶ ②

필살기

애벌런치 항복 전압 : 온도에 비례

---

24 계자권선이 전기자에 병렬로만 접속된 직류기는?

① 타여자기 ② 직권기 ③ 분권기 ④ 복권기

Explanation

직류발전기의 종류
- 직권발전기 : 전기자와 계자를 직렬로 연결한 발전기
- 분권발전기 : 전기자와 계자를 병렬로 연결한 발전기
- 복권발전기 : 전기자와 계자를 직·병렬로 연결한 발전기

정답 ▶ ③

필살기

분권발전기 : 전기자와 계자 병렬

25 배전반을 나타내는 그림 기호는?

①    ②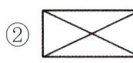

③    ④ ☐ S

Explanation

【분전반】 【배전반】 【제어반】

정답 ▶ ②

필살기

 : 배전반

26 케이블을 조영재에 지지하는 경우 이용되는 것이 아닌 것은?

① 터미널 캡   ② 클리트(Cleat)
③ 스테이플   ④ 새들

Explanation

터미널 캡(terminal cap)
전동기에 접속하는 장소나 애자사용공사로 옮기는 장소의 관단에 사용

명칭	그림	용도
엔트런스캡		인입구, 인출구의 금속관 관단에 설치하여 빗물 침입 방지. 금속관 공사에서 수직배관의 상부에 사용되어 비의 침입을 막는 데 가장 좋은 부품
터미널 캡 (서비스캡)		저압 가공 인입선에서 금속관 공사로 옮겨지는 곳 또는 금속관으로부터 전선을 뽑아 전동기 단자 부분에 접속할 때 사용. A형, B형이 있다.

정답 ▶ ①

필살기

터미널 캡 : 조영재에 사용하지 않음

27 3상 Y-Y결선 회로에서 선간 전압이 200[V]일 때 상전압은 약 몇 [V]인가?

① 100[V]   ② 115[V]
③ 120[V]   ④ 135[V]

Explanation

Y결선 회로의 특징

- 선간전압 $V_l = \sqrt{3}\, V_p \angle \frac{\pi}{6}$ [V] : 선간전압이 상전압보다 $\sqrt{3}$ 배 크고, 위상은 30° 앞선다.

- $I_l = I_p \angle 0[A]$: 선전류는 상전류와 크기 및 위상이 같다.

따라서 Y결선에서 $V_l = \sqrt{3}\, V_p$ 이므로

상전압 $V_p = \dfrac{V_l}{\sqrt{3}} = \dfrac{200}{\sqrt{3}} = 115[V]$

정답 ▶ ②

 필살기

> Y결선 : 상전압 $V_p = \dfrac{\text{선간전압}}{\sqrt{3}}$

28 3상 유도전동기의 1차 입력 60[kW], 1차 손실 1[kW], 슬립 3[%]일 때 기계적 출력[kW]은?

① 62　　　　　　　　　　　② 60
③ 59　　　　　　　　　　　④ 57

Explanation

3상 유도전동기 전력변환
출력(P_0) = 2차 입력(P_2) − 2차 동손(P_{c2})
$P_0 = P_2 - P_{c2} = P_2 - sP_2 = (1-s)P_2$
여기서, 2차 입력(=1차 출력)
　　　　=1차 입력−1차 손실=60−1=59[kW]
- 기계적 출력
$P_0 = (1-s)P_2 = (1-0.03) \times 59 = 57.23[kW]$

정답 ▶ ④

 필살기

> 출력(P_0) = 2차 입력(P_2) − 2차 동손(P_{c2})

29 단선의 굵기가 6[㎟] 이하인 전선을 직선 접속할 때 주로 사용하는 접속법은?
① 트위스트 접속　　　　　　② 브리타니아 접속
③ 쥐꼬리 접속　　　　　　　④ T형 커넥터 접속

Explanation

- 트위스트 접속 : 6[㎟] 이하

- 브리타니아 접속 : 10[㎟] 이상

정답 ▶ ①

 필살기

> 6[㎟] 이하 : 트위스트 접속

30 1[Ah]는 몇 [C]인가?

① 1,200
② 2,400
③ 3,600
④ 4,800

Explanation

전류와 전하량의 관계

$I = \dfrac{Q}{t}$[A], [C/sec], $Q = I \cdot t$[C], [A·sec]

따라서 1[Ah]=1[A]×3,600[sec]=3,600[A·sec]=3,600[C]

정답 ▶ ③

필살기

1[Ah] = 3,600[C]

31 그림과 같이 공기 중에 놓인 2×10^{-8}[C]의 전하에서 2[m] 떨어진 점 P와 1[m] 떨어진 점 Q와의 전위차는?

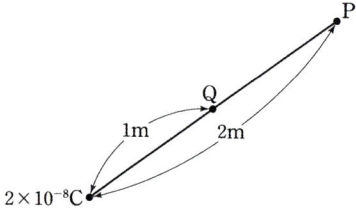

① 80[V]
② 90[V]
③ 100[V]
④ 110[V]

Explanation

두 점(P, Q) 간의 전위차 $V_{PQ} = V_P - V_Q$[V]

P점의 전위 $V_P = 9 \times 10^9 \times \dfrac{Q}{r} = 9 \times 10^9 \times \dfrac{2 \times 10^{-8}}{1} = 180$[V]

Q점의 전위 $V_Q = 9 \times 10^9 \times \dfrac{Q}{r} = 9 \times 10^9 \times \dfrac{2 \times 10^{-8}}{2} = 90$[V]

따라서 전위차 $V_{PQ} = V_P - V_Q = 180 - 90 = 90$[V]

정답 ▶ ②

필살기

전위 : $V = \dfrac{Q}{4\pi\epsilon_0 r} = 9 \times 10^9 \times \dfrac{Q}{r}$[V]

전위차 : 두 전위를 구하여 차를 구한다($V_{PQ} = V_P - V_Q$)

32 변압기 2대를 V결선 했을 때의 이용률은 몇 [%]인가?
① 57.7
② 70.7
③ 86.6
④ 100

Explanation

V결선 : △-△결선에서 변압기 1대 고장 시 변압기 2대만으로 3상 전력의 공급이 가능
① 3상 출력 $P_V = \sqrt{3}\, V_p I_p = \sqrt{3}\, K$
  여기서, K : 변압기 1대 용량
② 이용률 $= \dfrac{\sqrt{3}\, K}{2K} \times 100 = 86.6[\%]$

출력비 $= \dfrac{V결선의\ 출력}{\triangle 결선의\ 출력} = \dfrac{\sqrt{3}\, K}{3K} \times 100 = 57.7[\%]$

정답 ▶ ③

필살기

V결선 : 이용률 : 86.6[%]
     출력비(△결선에 비해) : 57.7[%]

33 변압기의 자속에 관한 설명으로 옳은 것은?
① 전압과 주파수에 반비례한다.
② 전압과 주파수에 비례한다.
③ 전압에 반비례하고, 주파수에 비례한다.
④ 전압에 비례하고, 주파수에 반비례한다.

Explanation

변압기의 유기기전력 $E = 4.44 f N \phi_m [\text{V}]$

자속 $\phi_m = \dfrac{E}{4.44 f N}$ 에서 자속은 전압에 비례하고 주파수에 반비례한다.

정답 ▶ ④

필살기

변압기 자속 : 전압에 비례하고 주파수에 반비례

34 전압을 일정하게 유지하기 위해서 이용되는 다이오드는?
① 발광 다이오드
② 포토 다이오드
③ 제너 다이오드
④ 바리스터 다이오드

Explanation

전력용 다이오드
① 다이오드(Diode) : 정류용
② 제너 다이오드 : 전원 전압을 일정하게 유지
③ 가변 용량 다이오드 : 바렉터 다이오드
④ 발광다이오드(LED) : 순방향의 전압을 인가하면 빛을 발하는 다이오드

정답 ▶ ③

> 제너 다이오드 : 전압을 일정하게 유지(정전압)

35 직류 직권 전동기의 회전수(N)와 토크(τ)와의 관계는?

① $\tau \propto \dfrac{1}{N}$ ② $\tau \propto \dfrac{1}{N^2}$

③ $\tau \propto N$ ④ $\tau \propto N^{\frac{3}{2}}$

Explanation

직류 전동기 속도-토크 특성

- 직권 전동기 : $\tau \propto I^2 \propto \dfrac{1}{N^2}$, 전기철도용, 기중기용
- 분권 전동기 : $\tau \propto I \propto \dfrac{1}{N}$

정답 ▶ ②

> 직권 전동기 : $\tau \propto \dfrac{1}{N^2}$ 토크는 속도의 제곱에 반비례

36 저압가공인입선의 인입구에 사용하며 금속관 공사에서 끝부분의 빗물 침입을 방지하는 데 적당한 것은?

① 플로어 박스 ② 엔트런스 캡
③ 부싱 ④ 터미널 캡

Explanation

엔트런스 캡(우에사캡)(entrance cap)

인입구, 인출구의 관단에 설치하여 금속관에 접속하여 옥외의 빗물을 막는 데 사용

명칭	그림	용도
엔트런스 캡		인입구, 인출구의 금속관 관단에 설치하여 빗물 침입 방지. 금속관 공사에서 수직배관의 상부에 사용되어 비의 침입을 막는 데 가장 좋은 부품
터미널 캡 (서비스캡)		저압 가공 인입선에서 금속관 공사로 옮겨지는 곳 또는 금속관으로부터 전선을 뽑아 전동기 단자 부분에 접속할 때 사용. A형, B형이 있다.

정답 ▶ ②

> 엔트런스 캡 : 인입구, 빗물

37 한국전기설비규정에 의하여 저압 옥내간선으로부터 분기하는 곳에 설치하여야 하는 것은?
① 지락 차단기
② 과전류 차단기
③ 누전 차단기
④ 과전압 차단기

Explanation

(KEC 212.4.2조) 저압 옥내 과부하 보호장치의 설치 위치
과부하 보호장치는 전로 중 도체의 단면적, 특성, 설치방법, 구성의 변경으로 도체의 허용전류 값이 줄어드는 곳(이하 분기점이라 함)에 설치해야 한다.

정답 ▶ ②

 필살기

과전류 차단기 : 분기개소

---

38 전등 1개를 2개소에서 점멸하고자 할 때 필요한 3로 스위치는 최소 몇 개인가?
① 1개
② 2개
③ 3개
④ 4개

Explanation

1등 2개소 점멸 회로도

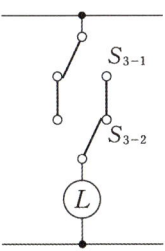

정답 ▶ ②

 필살기

2개소에서 점멸 : 3로 스위치 2개

---

39 한국전기설비규정에 의하여 성냥을 제조하는 공장의 공사 방법으로 적당하지 않은 것은?
① 금속관 공사
② 케이블 공사
③ 합성수지관 공사
④ 금속 몰드 공사

Explanation

(KEC 242.4조) 위험물 등이 존재하는 장소
셀룰로이드 · 성냥 · 석유류 기타 타기 쉬운 위험한 물질(이하 "위험물"이라 한다)을 제조하거나 저장하는 곳에 시설하는 저압 옥내 전기설비는 금속관공사, 합성수지관공사, 케이블공사에 의한다.

정답 ▶ ④

 필살기

성냥, 석유류 : 금속관공사, 합성수지관공사, 케이블공사

40 비오-사바르(Biot-Savart)의 법칙과 가장 관계가 깊은 것은?

① 전류가 만드는 자장의 세기
② 전류와 전압의 세기
③ 기전력과 자계의 세기
④ 기전과 자속의 변화

Explanation

비오-사바르 법칙

임의의 형상의 도체에 전류 $I[A]$가 흐를 때, 도체의 미소길이 dl 부분에 흐르는 전류에 의하여 거리 r만큼 떨어진 점 P에서의 자계의 세기를 알아내는 법칙

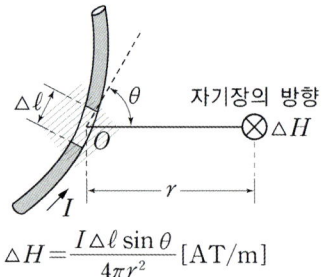

$$\Delta H = \frac{I \Delta l \sin \theta}{4 \pi r^2} [\text{AT/m}]$$

정답 ▶ ①

필살기

비오-사바르 법칙 : 곡선에서 전류와 자계의 관계

---

41 아크 용접용 변압기가 일반 전력용 변압기와 다른 점은?

① 권선의 저항이 크다.
② 누설 리액턴스가 크다.
③ 효율이 높다.
④ 역률이 좋다.

Explanation

아크 용접용 변압기(누설변압기)
- 정전류특성(수하특성)
- 누설 리액턴스가 큰 형태
- 2차 전류 증가 시 : 누설자속이 증가하여 2차 전압이 감소하여 2차측 전류 감소
- 2차 전류 감소 시 : 누설자속이 감소하여 2차 전압이 증가하여 2차측 전류 증가

정답 ▶ ②

필살기

아크 용접용 변압기 : 누설리액턴스가 크다.

---

42 보호를 요하는 회로의 전류가 어떤 일정한 값(정정값) 이상으로 흘렀을 때 동작하는 계전기는?

① 과전류 계전기
② 과전압 계전기
③ 차동 계전기
④ 비율 차동 계전기

Explanation

- 과전류 계전기(OCR) : 정정값(설정값)이상의 전류가 흘렀을 때 동작하여 차단기 트립코일 여자
- 과전압 계전기(OVR) : 정정값(설정값)이상의 전압이 걸리는 때 동작하여 차단기 트립코일 여자

정답 ▶ ①

> 과전류 계전기 : 정정값 이상의 전류에서 동작

43. 가스 차단기에 사용되는 가스인 SF_6의 성질이 아닌 것은?

① 같은 압력에서 공기의 2.5~3.5배의 절연 내력이 있다.
② 무색, 무취, 무해 가스이다.
③ 가스 압력 3~4[kgf/cm^2]에서 절연내력은 절연유 이상이다.
④ 소호능력은 공기보다 2.5배 정도 낮다.

Explanation

SF_6(육불화황) 가스의 성질
- 무색, 무취, 무독성
- 난연성, 불활성 기체
- 아크소호 능력이 공기의 100~200배
- 절연내력이 공기의 2~3배 높다.

가스차단기(GCB)
- 밀폐구조(신뢰성우수, 소음이 없다)
- 차단성능이 우수
- 근거리 차단에 유리
- 절연내력이 공기의 2~3배 높아서 차단기 소형화 가능

정답 ▶ ④

> SF_6(육불화황) 가스 : 공기보다 절연성능, 소호능력이 높다.

44. 전선의 공칭단면적에 대한 설명으로 옳지 않은 것은?

① 소선 수와 소선의 지름으로 나타낸다.
② 단위는 [mm^2]로 표시한다.
③ 전선의 실제 단면적과 같다.
④ 연선의 굵기를 나타내는 것이다.

Explanation

전선의 구성
1) 단선 : 소선수가 하나인 전선으로 전선의 직경인 [mm]로 표시
2) 연선 : 여러 개의 소선이 하나의 전선을 이루고 있는 전선으로 [N/d]로 표시
   전선의 굵기는 [mm^2]으로 사용 (여기서, N은 소선의 총수이고 d는 소선의 직경)

전선의 공칭단면적은 전선을 구성하는 도체의 굵기이며, 따라서 전선의 실제 단면적과 같지 않다.
실제 전선의 단면적은 도체의 굵기+절연피복물의 굵기를 포함

정답 ▶ ③

 필살기

전선의 실제 단면적 : 도체의 굵기+절연피복물의 굵기

45 전류계의 측정 범위를 확대시키기 위하여 전류계와 병렬로 접속하는 것은?
① 분류기
② 배율기
③ 검류계
④ 전위차계

Explanation

- 배율기 : 전압의 측정 범위를 넓히기 위하여 전압계에 직렬로 접속하는 저항
- 분류기 : 전류계의 측정 범위를 넓히기 위하여 전류계에 병렬로 접속하는 저항

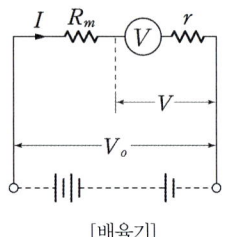 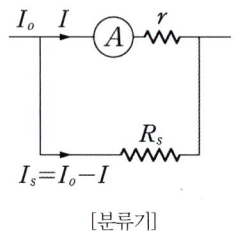
[배율기] [분류기]

정답 ▶ ①

 필살기

분류기 : 전류측정범위 확대

46 $i = I_m \sin \omega t$[A]인 정현파 교류에서 ωt가 몇 [°]일 때 순싯값과 실횻값이 같게 되는가?
① 90°
② 60°
③ 45°
④ 0°

Explanation

정현파의 순싯값 $i = I_m \sin \omega t$

정현파의 실횻값 $I = \dfrac{I_m}{\sqrt{2}}$

따라서 순싯값과 실횻값이 같아지려면

$i = I$ 에서 $\sin \omega t = \dfrac{1}{\sqrt{2}}$

∴ $\theta = \omega t = \sin^{-1} \dfrac{1}{\sqrt{2}} = 45°$

정답 ▶ ③

필살기

정현파 실횻값 = 순싯값 : 45°

47 발전기의 유도 전압의 방향을 나타내는 법칙은?
① 패러데이의 법칙 ② 렌츠의 법칙
③ 오른나사의 법칙 ④ 플레밍의 오른손 법칙

Explanation

패러데이-렌츠의 전자유도 법칙
① 패러데이 법칙(Faraday's law)
 "전자유도에 의해 회로에 발생하는 기전력은 자속 쇄교수의 시간에 대한 감쇠율에 비례하며 권수에 비례한다."
 유기기전력의 크기를 나타내는 법칙
② 렌츠의 법칙(Lenz's law)
 "전자 유도에 의해 회로에 발생하는 기전력은 자속의 증감을 방해하는 방향으로 발생된다."
 "전류가 흐르려고 하면 코일은 전류의 흐름을 방해한다. 또, 전류가 감소하면 이를 계속 유지하려고 하는 성질"
 유기기전력의 방향을 나타내는 법칙

정답 ▶ ②

 필살기

> 유기(유도)기전력의 크기 : 패러데이의 법칙
> 유기(유도)기전력의 방향(전류의 흐름을 방해) : 렌츠의 법칙

48 직류 전동기의 제어에 널리 응용되는 직류-직류 전압제어장치는?
① 인버터 ② 컨버터
③ 초퍼   ④ 전파정류

Explanation

전력변환장치
(1) 정류기(컨버터) : 교류를 직류로 변환
(2) 인버터(Inverter) : 직류를 교류로 변환
(3) 사이클로 컨버터 : 교류를 가변주파수의 교류로 변환
(4) 초퍼(chopper) : 직류를 직류로 변환

정답 ▶ ③

 필살기

> 초퍼 : 직류를 직류로 변환

49 3상 변압기의 병렬 운전이 불가능한 결선 방식으로 짝지은 것은?
① △-△와 Y-Y ② △-Y와 Y-△
③ Y-Y와 Y-Y   ④ △-△와 △-Y

Explanation

3상 변압기의 병렬 운전의 결선 조합

병렬 운전 가능	병렬 운전 불가능
△-△와 △-△ Y-Y와 Y-Y Y-△와 Y-△ △-Y와 △-Y △-△와 Y-Y △-Y와 Y-△	Y-Y와 Y-△ Y-△와 △-△ △-△와 △-Y △-Y와 Y-Y

정답 ▶ ④

 필살기

불가능 조합 : Y나 △의 개수가 홀수이면 무조건 불가능

50 $e = \sqrt{2}E\sin\omega t$[V]의 정현파 전압을 가했을 때 직류 평균값 $E_{do} = 0.45E$[V]인 회로는?

① 단상 반파 정류회로
② 단상 전파 정류회로
③ 3상 반파 정류회로
④ 3상 전파 정류회로

Explanation

정류기 직류 측 전압
- 단상 반파 정류회로 : $E_{do} = 0.45E$ [V]
- 단상 전파 정류회로 : $E_{do} = 0.9E$ [V]
- 3상 반파 정류회로 : $E_{do} = 1.17E$ [V]
- 3상 전파 정류회로 : $E_{do} = 1.35E$ [V]

정답 ▶ ①

 필살기

단상 반파 정류회로 : $E_{do} = 0.45E$[V]

51 지중전선로에 사용되는 케이블 중 고압에만 사용되는 케이블은?

① 콤바인덕트(CD)케이블
② 미네랄 인슈레이션(MI)케이블
③ 파이프형 압력 케이블
④ 알루미늄피케이블

Explanation

(KEC122.4~5조) 전로에 사용하는 케이블의 종류

전압의 종류	케이블의 종류
저압	0.6/1 kV 연피(鉛皮)케이블 클로로프렌외장(外裝)케이블 비닐외장케이블 폴리에틸렌외장케이블 무기물 절연케이블(미네랄 인슈레이션 케이블) 금속외장케이블 서독성 난연 폴리올레핀외장케이블
고압	연피케이블 알루미늄피케이블

	클로로프렌외장케이블
	비닐외장케이블
	폴리에틸렌외장케이블
	저독성 난연 폴리올레핀외장케이블
	콤바인 덕트 케이블
특고압	파이프형 압력케이블
	연피케이블
	알루미늄피케이블

정답 ▶ ①

필살기

고압용 지중 케이블 : 콤바인 덕트 케이블

---

52 30[μF]과 40[μF]의 콘덴서를 병렬로 접속한 후 100[V]의 전압을 가했을 때 전 전하량은 몇 [C]인가?

① 17×10^{-4}
② 34×10^{-4}
③ 56×10^{-4}
④ 70×10^{-4}

Explanation

콘덴서의 병렬접속

합성 정전용량 $C = C_1 + C_2 = 30 + 40 = 70[\mu F]$

전하량 $Q = CV = 70 \times 10^{-6} \times 100 = 70 \times 10^{-4}[C]$

정답 ▶ ④

필살기

콘덴서의 병렬접속 $C = C_1 + C_2$ [F]
전하량 $Q = CV$ [C]

---

53 자체 인덕턴스가 L_1, L_2인 두 코일을 직렬로 접속하였을 때 합성인덕턴스를 나타내는 식은? 단, 두 코일 간의 상호 인덕턴스는 M이다.

① $L_1 + L_2 \pm M$
② $L_1 - L_2 \pm M$
③ $L_1 + L_2 \pm 2M$
④ $L_1 - L_2 \pm 2M$

Explanation

인덕턴스의 직렬연결

① 가동결합(가극성) : 자속방향이 같을 경우

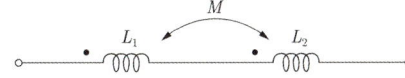 $L_0 = L_1 + L_2 + 2M$[H]

② 차동결합(감극성) : 자속방향이 반대일 경우

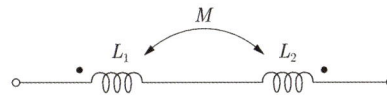 $L_0 = L_1 + L_2 - 2M$[H]

정답 ▶ ③

직렬 합성 인덕턴스 $L_0 = L_1 + L_2 \pm 2M$

54 한국전기설비규정에 의한 저압 옥내배선에서 애자공사를 할 때 올바른 것은?
① 전선 상호간의 간격은 0.06[m] 이상
② 400[V]를 초과하는 경우 전선과 조영재 사이의 이격거리는 25[mm] 미만
③ 전선의 지지점간의 거리는 조영재의 윗면 또는 옆면에 따라 붙일 경우에는 3[m] 이상
④ 애자사용공사에 사용되는 애자는 절연성·난연성 및 내수성과 무관

Explanation

(KEC 232.56조) 애자공사에 의한 저압 옥내배선
- 전선은 절연전선(옥외용 비닐 절연전선 및 인입용 비닐 절연전선을 제외한다)일 것
- 전선 상호 간의 간격은 0.06[m] 이상일 것
- 전선과 조영재 사이의 이격거리는 사용전압이 400[V] 이하인 경우에는 25[mm] 이상, 400[V] 초과인 경우에는 45[mm](건조한 장소에 시설하는 경우에는 25[mm]) 이상일 것
- 전선의 지지점 간의 거리는 전선을 조영재의 윗면 또는 옆면에 따라 붙일 경우에는 2[m] 이하일 것
- 사용전압이 400[V] 초과인 것은 전선의 지지점 간의 거리는 6[m] 이하일 것
- 애자는 절연성·난연성 및 내수성의 것

정답 ▶ ①

애자공사 : 전선상호간격 0.06[m]

55 교류 차단기에 포함되지 않는 것은?
① GCB
② HSCB
③ VCB
④ ABB

Explanation

- HSCB : 직류 고속도 차단기(DC high speed circuit breaker)
- GCB : 가스차단기
- VCB : 진공차단기
- ABB : 공기차단기

정답 ▶ ②

직류차단기 : HSCB

56 어떤 콘덴서에 $V[V]$의 전압을 가해서 $Q[C]$의 전하를 충전할 때 저장되는 에너지[J]는?

① $2QV$
② $2QV^2$
③ $\dfrac{1}{2}QV$
④ $\dfrac{1}{2}QV^2$

Explanation

콘덴서에 저장되는 에너지 $W = \dfrac{1}{2}CV^2 = \dfrac{Q^2}{2C} = \dfrac{1}{2}QV\,[J]$

정답 ▶ ③

 필살기

콘덴서의 에너지(전하와 전압이 주어지는 경우) $W = \dfrac{1}{2}QV\,[J]$

57 변압기 명판에 표시된 정격에 대한 설명으로 틀린 것은?
① 변압기의 정격출력 단위는 [kW]이다.
② 변압기 정격은 2차 측을 기준으로 한다.
③ 변압기의 정격은 용량, 전류, 전압, 주파수 등으로 결정된다.
④ 정격이란 정해진 규정에 적합한 범위 내에서 사용할 수 있는 한도이다.

Explanation

변압기 명판 : 정격을 나타내는 표기
- 변압기의 정격출력 단위 : [kVA], [MVA] 등
- 변압기 정격 : 2차 측을 기준. 용량, 전류, 전압, 주파수 등
- 정격 : 정해진 규정에 적합한 범위 내에서 사용할 수 있는 한도

정답 ▶ ①

 필살기

변압기의 정격출력 단위 : [kVA], [MVA]

58 직류전동기의 출력이 50[kW], 회전수가 1,800[rpm]일 때 토크는 약 몇 [kg·m]인가?

① 12
② 23
③ 27
④ 31

Explanation

직류전동기 토크 $T = 0.975 \times \dfrac{P}{N}\,[kg \cdot m]$

여기서, $P[W]$는 출력, $N[rpm]$은 회전속도

따라서 토크 $T = 0.975 \times \dfrac{50 \times 10^3}{1,800} = 27.08\,[kg \cdot m]$

정답 ▶ ③

> **필살기**
> 직류전동기 토크 $T = 0.975 \times \dfrac{P}{N} [\text{kg} \cdot \text{m}]$

59 접지저항 저감 대책이 아닌 것은?

① 접지봉을 병렬로 연결한다.
② 접지판의 면적을 감소시킨다.
③ 접지극을 깊게 매설한다.
④ 토양의 고유저항을 화학적으로 저감시킨다.

Explanation

접지저항 저감 방법은 다음과 같다.
- 접지극의 길이를 길게 한다.
- 접지극을 병렬 접속한다.
- 접지봉의 매설 깊이를 깊게 한다.
- 심타공법으로 시공한다.
- 접지저항 저감제를 사용한다.

정답 ▶ ②

> **필살기**
> 접지저항 저감 : 접지봉을 병렬로 연결

60 한국전기설비규정에 의하여 지중에 매설되어 있는 금속제 수도관로는 대지와의 전기 저항값이 얼마 이하로 유지되어야 접지극으로 사용할 수 있는가?

① 1[Ω]
② 3[Ω]
③ 4[Ω]
④ 5[Ω]

Explanation

(KEC 142.2조) 접지극의 시설
수도관 등을 접지극으로 사용하는 경우는 다음에 의한다.
- 지중에 매설되어 있고 대지와의 전기저항 값이 3[Ω] 이하의 값을 유지하고 있는 금속제 수도관로가 다음에 따르는 경우 접지극으로 사용이 가능하다.
- 접지도체와 금속제 수도관로의 접속은 안지름 75[mm] 이상인 부분 또는 여기에서 분기한 안지름 75[mm] 미만인 분기점으로부터 5[m] 이내의 부분에서 하여야한다. 다만, 금속제 수도관로와 대지 사이의 전기저항 값이 2[Ω] 이하인 경우에는 분기점으로부터의 거리는 5[m]을 넘을 수 있다.

정답 ▶ ②

> **필살기**
> 접지극 : 수도관 3[Ω]

61 Y결선에서 선간전압 V_L과 상전압 V_p의 관계는?

① $V_L = V_p$　　　　　② $V_L = \dfrac{1}{3} V_p$

③ $V_L = \sqrt{3}\, V_p$　　　④ $V_L = 3 V_p$

Explanation

Y결선 회로의 특징

- 선간전압 $V_l = \sqrt{3}\, V_p \angle \dfrac{\pi}{6}$ [V] : 선간전압이 상전압보다 $\sqrt{3}$ 배 크고, 위상은 30° 앞선다.
- $I_l = I_p \angle 0$ [A] : 선전류는 상전류와 크기 및 위상이 같다.

정답 ▶ ③

필살기

Y결선(성형결선) : 선간전압 $V_l = \sqrt{3}\, V_p$

---

62 주상변압기의 고압 측에 탭을 여러 개 만드는 이유는?

① 역률 개선　　　　　② 단자 고장 대비
③ 선로 전류 조정　　　④ 선로 전압 조정

Explanation

주상변압기 탭 조정 : 1차 탭(Tap)을 통하여 2차측 전압 조정
- 1차 탭을 올리면 2차 전압 감소
- 1차 탭을 낮추면 2차 전압 상승

정답 ▶ ④

필살기

탭 사용 : 전압 조정

---

63 전기철도에 사용하는 직류전동기로 가장 적합한 전동기는?

① 분권전동기　　　　　② 직권전동기
③ 가동 복권전동기　　　④ 차동 복권전동기

Explanation

직류전동기 속도-토크 특성

- 직권 전동기 : $\tau \propto I^2 \propto \dfrac{1}{N^2}$, 전기철도용, 기중기용

정답 ▶ ②

필살기

직권 전동기 : 전기철도용

64 다음 중 유도전동기에서 비례추이를 할 수 있는 것은?

① 출력
② 2차 동손
③ 효율
④ 역률

Explanation

비례추이는 권선형 유도 전동기에서 사용하며 기동토크 특성에서 2차 저항 r_2를 n배하면 슬립도 n배 되어 기동토크는 증가하며 최대토크는 불변하며 이때 최대 토크를 발생하는 슬립은 변화가 발생한다. 따라서 전동기 기동 시에 비례추이를 이용하면 기동 전류는 감소하고, 기동 토크는 증가하게 된다.

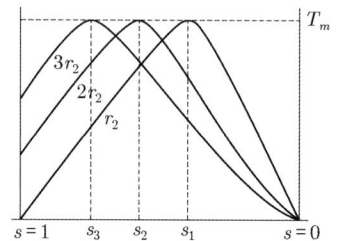

- 비례추이 할 수 있는 특성 : 1차 전류, 2차 전류, 역률, 동기 와트
- 비례추이 할 수 없는 특성 : 출력, 2차 동손, 효율 등

정답 ▶ ④

비례추이 가능 : 역률, 1, 2차 전류

65 배전반 및 분전반의 설치 장소로 적합하지 않은 곳은?

① 접근이 어려운 장소
② 전기회로를 쉽게 조작할 수 있는 장소
③ 개폐기를 쉽게 개폐할 수 있는 장소
④ 안정된 장소

Explanation

배전반 및 분전반 시설
- 보수 및 점검이 용이한 장소
- 전기회로를 쉽게 조작할 수 있는 장소
- 개폐기를 쉽게 개폐할 수 있는 장소
- 주변 환경이 안정되고 노출된 장소

정답 ▶ ①

배전반 및 분전반의 설치 제외장소 : 접근이 어려운 장소, 밀폐된 장소

66 전류에 의한 자기장의 세기를 구하는 비오-사바르의 법칙을 옳게 나타낸 것은?

① $\triangle H = I \triangle l \sin\theta / 4\pi r^2 [\text{AT/m}]$
② $\triangle H = I \triangle l \sin\theta / 4\pi r [\text{AT/m}]$
③ $\triangle H = I \triangle l \cos\theta / 4\pi r [\text{AT/m}]$
④ $\triangle H = I \triangle l \cos\theta / 4\pi r^2 [\text{AT/m}]$

Explanation

비오-사바르 법칙
임의의 형상의 도체에 전류 $I[\text{A}]$가 흐를 때, 도체의 미소길이 dl 부분에 흐르는 전류에 의하여 거리 r만큼 떨어진 점 P에서의 자계의 세기를 알아내는 법칙

자계의 세기 $\triangle H = \dfrac{I \triangle l \sin\theta}{4\pi r^2}$ [AT/m]

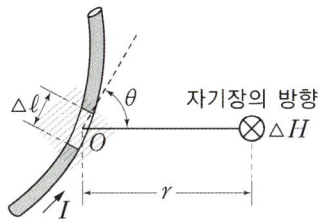

정답 ▶ ①

필살기

비오-사바르 법칙 : 자계 $\triangle H = \dfrac{I \triangle l \sin\theta}{4\pi r^2}$

67 일반적으로 절연체를 서로 마찰시키면 이들 물체는 전기를 띠게 된다. 이와 같은 현상은?
① 분극 ② 정전
③ 대전 ④ 코로나

Explanation

대전 현상 : 절연체를 서로 마찰시키면 이들 물체는 전기를 띠게 되고, 가벼운 물체를 끌어당기게 되는 현상

정답 ▶ ③

필살기

대전 : 마찰하면 전기가 발생

68 역률이 좋아 가정용 선풍기, 세탁기, 냉장고 등에 주로 사용되는 것은?
① 분상 기동형 ② 콘덴서 기동형
③ 반발 기동형 ④ 셰이딩 코일형

Explanation

콘덴서 기동형 특징
- 기동토크가 크고 기동전류가 적다.
- 역률 및 효율이 좋다.
- 소음도 적다.
  → 역률이 좋아 가정용 전기기기(선풍기, 세탁기, 냉장고) 등에 사용

정답 ▶ ②

필살기

역률개선 : 콘덴서

69 하나의 콘센트에 두 개 이상의 플러그를 꽂아 사용할 수 있는 기구는?

① 코드 접속기 ② 멀티 탭
③ 테이블 탭 ④ 아이언 플러그

Explanation

멀티 탭 : 하나의 콘센트에 두 개 이상의 기구를 사용할 때

정답 ▶ ②

멀티탭 : 여러 개의 플러그를 사용할 때

---

70 3단자 사이리스터가 아닌 것은?

① SCS ② SCR
③ TRIAC ④ GTO

Explanation

사이리스터 단자별 정리
- 2단자 : DIAC, SSS
- 3단자 : SCR, GTO, LASCR, TRIAC
- 4단자 : SCS

정답 ▶ ①

4단자 : SCS

---

71 4극 60[MVA], 역률 0.8, 60[Hz], 22.9[kV] 수차발전기의 전부하 손실이 1,600[kW]이면 전부하 효율[%]은?

① 90 ② 95
③ 97 ④ 99

Explanation

발전기의 효율

$$\eta = \frac{출력}{출력+손실} \times 100 = \frac{P\cos\theta}{P\cos\theta + P_l} \times 100 [\%]$$

$$= \frac{60 \times 10^3 \times 0.8}{60 \times 10^3 \times 0.8 + 1,600} \times 100 = 96.77[\%]$$

정답 ▶ ③

 필살기

발전기의 효율 : $\eta = \dfrac{출력}{출력+손실} \times 100 = \dfrac{P\cos\theta}{P\cos\theta + P_l} \times 100[\%]$

72 동기기에 제동권선을 설치하는 이유로 옳은 것은?
① 역률 개선 ② 출력 증가
③ 전압 조정 ④ 난조 방지

Explanation

동기기 제동권선
- 난조 방지
- 기동토크 발생(동기전동기에만 해당)

정답 ▶ ④

 필살기

제동권선 : 난조방지

73 S형 슬리브를 사용하여 전선을 접속하는 경우의 유의사항이 아닌 것은?
① 전선은 연선만 사용이 가능하다.
② 전선의 끝은 슬리브의 끝에서 조금 나오는 것이 좋다.
③ 슬리브는 전선의 굵기에 적합한 것을 사용한다.
④ 도체는 샌드페이퍼 등으로 닦아서 사용한다.

Explanation

S형 슬리브를 사용하는 경우 유의사항(내선규정)
① S형 슬리브는 단선, 연선 어느 것에도 사용할 수 있다.
② 도체는 샌드페이퍼 등을 사용하여 충분히 닦은 후 접속할 것(칼로는 잘 닦아지지 않으며 전선이 손상될 우려가 있다).
③ 전선의 끝은 슬리브의 끝에서 조금 나오는 것이 바람직하다.
④ 슬리브는 전선의 굵기에 적합한 것을 선정할 것.
⑤ 열린 쪽 홈의 측면을 펜치 등으로 고르게 눌러서 밀착시킨다.

정답 ▶ ①

 필살기

S형 슬리브 : 단선, 연선 어느 것에도 사용

74 자기회로에 강자성체를 사용하는 이유는?
① 자기저항을 감소시키기 위하여 ② 자기저항을 증가시키기 위하여
③ 공극을 크게 하기 위하여 ④ 주자속을 감소시키기 위하여

Explanation

자성체의 종류
- 강자성체 : $\mu_s \gg 1$ 철, 니켈, 코발트
- 상자성체 : $\mu_s > 1$ 공기, 알루미늄
- 역(반)자성체 : $\mu_s < 1$ 구리, 창연, 금, 은

자기저항 $R_m = \dfrac{l}{\mu S} = \dfrac{l}{\mu_o \mu_s S}$ 에서 강자성체를 사용하면 비투자율이 크므로 자기저항이 감소한다.

정답 ▶ ①

 필살기

강자성체 : 자기저항 감소

---

75 무효전력에 대한 설명으로 틀린 것은?

① $P = VI\cos\theta$ 로 계산된다.
② 부하에서 소모되지 않는다.
③ 단위로는 Var를 사용한다.
④ 전원과 부하 사이를 왕복하기만 하고 부하에 유효하게 사용되지 않는 에너지이다.

Explanation

무효전력 : 실제로 아무런 일을 할 수 없는 전력. 단위는 [Var]
$$P_r = VI\sin\theta [\text{Var}]$$
여기서, 유효전력 $P = VI\cos\theta [\text{W}]$

정답 ▶ ①

 필살기

무효전력 : $P_r = VI\sin\theta$ [Var]

---

76 다음 단상 유도 전동기 중 기동 토크가 큰 것부터 옳게 나열한 것은?

(ㄱ) 반발 기동형   (ㄴ) 콘덴서 기동형
(ㄷ) 분상 기동형   (ㄹ) 셰이딩 코일형

① (ㄱ) > (ㄴ) > (ㄷ) > (ㄹ)
② (ㄱ) > (ㄹ) > (ㄴ) > (ㄷ)
③ (ㄱ) > (ㄷ) > (ㄹ) > (ㄴ)
④ (ㄱ) > (ㄴ) > (ㄹ) > (ㄷ)

Explanation

단상유도전동기(기동 토크가 큰 순서)
반발 기동형 > 반발 유도형 > 콘덴서 기동형 > 분상 기동형 > 셰이딩코일형 > 모노사이클릭형

정답 ▶ ①

 필살기

단상유도전동기 기동토크가 큰 순서 : 반-콘-분-셰

77 단상 전파 정류회로에서 전원이 220[V]이면 부하에 나타나는 전압의 평균값은 약 몇 [V]인가?

① 99
② 198
③ 257.4
④ 297

Explanation

정류회로 정리
- 단상 반파 정류회로 : $E_{do} = 0.45E$ [V]
- 단상 전파 정류회로 : $E_{do} = 0.9E$ [V]
- 3상 반파 정류회로 : $E_{do} = 1.17E$ [V]
- 3상 전파 정류회로 : $E_{do} = 1.35E$ [V]

따라서 단상 전파정류의 직류값(평균값) $E_d = 0.9E = 0.9 \times 220 = 198$ [V]

정답 ▶ ②

 필살기

단상 전파 정류회로 : $E_{do} = 0.9E$ [V]

---

78 금속관 배관공사를 할 때 금속관을 구부리는 데 사용하는 공구는?

① 히키(hickey)
② 파이프 렌치(pipe wrench)
③ 오스터(oster)
④ 파이프 커터(pipe cuter)

Explanation

굽힘 작업
- 금속관 : 파이프 밴더나 히키
- 합성수지관 : 토치램프나 스프링 밴더

정답 ▶ ①

 필살기

금속관 구부리는 공구 : 히키와 밴더

---

79 접지 저항값에 가장 큰 영향을 주는 것은?

① 접지도체 굵기
② 접지 전극 크기
③ 온도
④ 대지 저항

Explanation

접지저항
- 접지도체의 굵기
- 접지전극의 크기
- 온도
- 대지저항(가장 중요한 요소)

정답 ▶ ④

> **필살기**
> 접지저항 : 대지저항이 가장 중요

80 전선의 재료로서 구비해야 할 조건이 아닌 것은?
① 기계적 강도가 클 것
② 가요성이 풍부할 것
③ 고유저항이 클 것
④ 비중이 작을 것

Explanation

전선의 구비조건
- 도전율이 클 것(고유저항이 적을 것), 허용전류가 클 것
- 기계적 강도가 클 것
- 비중(밀도)이 작을 것
- 가선공사(접속)가 쉬울 것
- 부식성이 작을 것
- 유연성(가공성)이 좋을 것
- 경제적일 것

정답 ▶ ③

> **필살기**
> 도전율의 반대가 고유저항이므로 고유저항이 적어야 도전율이 커진다.

81 정전에너지 W[J]를 구하는 식으로 옳은 것은? (단, C는 콘덴서 용량[F], V는 공급전압[V])
① $W = \dfrac{1}{2}CV^2$
② $W = \dfrac{1}{2}CV$
③ $W = \dfrac{1}{2}C^2V$
④ $W = 2CV^2$

Explanation

콘덴서에 저장되는 에너지 $W = \dfrac{1}{2}CV^2 = \dfrac{Q^2}{2C} = \dfrac{1}{2}QV$ [J]

정답 ▶ ①

> **필살기**
> 콘덴서의 에너지(정전용량과 전압이 주어지는 경우) $W = \dfrac{1}{2}CV^2$[J]

82 2전력계법으로 3상 전력을 측정할 때 지싯값이 $P_1 = 200$[W], $P_2 = 200$[W]일 때 부하전력[W]은?
① 200
② 400
③ 600
④ 800

Explanation

2전력계법 : 단상 전력계 2대로 3상 전력 측정
- 유효전력 $P = P_1 + P_2 [W]$
- 무효전력 $P_r = \sqrt{3}(P_1 - P_2)[Var]$
- 피상전력 $P_a = 2\sqrt{P_1^2 + P_2^2 - P_1 P_2}$
- 역률 $\cos\theta = \dfrac{P_1 + P_2}{2\sqrt{P_1^2 + P_2^2 - P_1 P_2}}$

따라서 유효전력 $P = P_1 + P_2 = 200 + 200 = 400[W]$

정답 ▶ ②

필살기

> 2전력계법 유효전력 : $P = P_1 + P_2 [W]$

---

83 정격이 10,000[V], 500[A], 역률 90[%]의 3상 동기발전기의 단락전류 I_s[A]는? 단, 단락비는 1.3으로 하고, 전기자저항은 무시한다.

① 450 ② 550
③ 650 ④ 750

Explanation

%동기임피던스와 단락비와의 관계
① %동기임피던스

$$\%Z_s = \dfrac{I_n Z_s}{E} \times 100 = \dfrac{\dfrac{P_n}{\sqrt{3}V} Z_s}{\dfrac{V}{\sqrt{3}}} \times 100 = \dfrac{P_n Z_s}{V^2} \times 100 = \dfrac{I_n}{I_s} \times 100 [\%]$$

② %동기임피던스[PU] $Z_s'[PU] = \dfrac{1}{K_s} = \dfrac{P_n Z_s}{V^2} = \dfrac{I_n}{I_s}$ [PU]

  여기서, K_s : 단락비, I_n : 정격전류, I_s : 단락전류

따라서 단락비 $K_s = \dfrac{I_s}{I_n}$ 에서

단락전류 $I_s = K_s \times I_n = 1.3 \times 500 = 650[A]$

정답 ▶ ③

필살기

> 단락비 $K_s = \dfrac{I_s}{I_n}$

---

84 변압기를 △-Y로 연결할 때 1, 2차 간의 위상차는?

① 30° ② 45°
③ 60° ④ 90°

Y결선과 △결선과는 30°의 위상차가 존재한다.

정답 ▶ ①

필살기

> Y결선과 △결선 위상차 : 30°

85 비유전율이 큰 산화티탄 등을 유전체로 사용한 것으로 극성이 없으며 가격에 비해 성능이 우수하여 널리 사용되고 있는 콘덴서의 종류는?

① 전해 콘덴서   ② 세라믹 콘덴서
③ 마일러 콘덴서   ④ 마이카 콘덴서

콘덴서의 종류
- 전해 콘덴서 : 전원부 평활용이나 필터용으로 사용되며, 극성이 있다.
- 세라믹 콘덴서 : 가격에 비해 성능 우수. 산화티탄 사용, 극성은 없다.
- 마이카 콘덴서 : 내압, 내열 및 용량 변화가 적고 안정적이다. 극성은 없다.
- 마일러 콘덴서 : 전원회로나 바이패스, 저가 앰프의 커플링으로 사용된다. 극성은 없다.

정답 ▶ ②

필살기

> 산화티탄 : 세라믹 콘덴서

86 쿨롱의 법칙에서 2개의 점전하 사이에 작용하는 정전력의 크기는?

① 두 전하의 곱에 비례하고 거리에 반비례한다.
② 두 전하의 곱에 반비례하고 거리에 비례한다.
③ 두 전하의 곱에 비례하고 거리의 제곱에 비례한다.
④ 두 전하의 곱에 비례하고 거리의 제곱에 반비례한다.

쿨롱의 법칙은 두 전하 사이에 미치는 힘을 나타낸 것으로 다음과 같은 식에 의해서 구할 수 있다.

(1) 쿨롱의 힘 : $F = k\dfrac{Q_1 Q_2}{r^2} = \dfrac{Q_1 Q_2}{4\pi\epsilon_o r^2} = 9 \times 10^9 \times \dfrac{Q_1 Q_2}{r^2}$ [N]

(2) 쿨롱의 법칙
　① 두 전하 사이의 힘은 두 전하의 곱에 비례한다.
　② 두 전하 사이의 힘은 두 전하의 거리의 제곱에 반비례한다.
　③ 두 전하 사이의 힘은 주위 매질에 따라 달라진다.

정답 ▶ ④

필살기

> 쿨롱의 법칙 : 힘은 두 전하의 곱에 비례하고 거리의 제곱에 반비례

87 3상 유도전동기의 2차 저항을 2배로 하면 그 값이 2배로 되는 것은?
① 슬립
② 토크
③ 전류
④ 역률

Explanation

비례추이의 원리 : 권선형 유도전동기
토크 속도 곡선이 2차 합성저항에 비례해서 이동하는 것
- 최대 토크는 불변, 최대 토크의 발생 슬립은 변화
- 기동 전류는 감소하고, 기동 토크는 증가
- $\dfrac{r_2}{s} = \dfrac{r_2 + R}{s'}$

따라서 2차 저항을 2배로 하면 슬립이 2배로 된다.

정답 ▶ ①

 필살기

비례추이 : 슬립이 2차 저항에 비례

---

88 직류 발전기 전기자 반작용의 영향에 대한 설명으로 틀린 것은?
① 브러시 사이에 불꽃을 발생시킨다.
② 주 자속이 찌그러지거나 감소한다.
③ 전기자 전류에 의한 자속이 주 자속에 영향을 준다.
④ 회전방향과 반대방향으로 자기적 중성축이 이동된다.

Explanation

전기자 반작용
전기자 전류에 의한 전기자 기자력이 계자 기자력에 영향을 미치는 현상(주자속이 감소하는 현상)
- 편자 작용
  - 감자 작용 : 전기자 기자력이 계자 기자력에 반대 방향으로 작용하여 자속이 감소
  - 교차자화 작용 : 전기자 기자력이 계자 기자력에 수직방향으로 작용하여 자속분포가 그러짐
- 전기적 중성축 이동
  - 발전기 : 회전 방향으로 이동
  - 전동기 : 회전 반대 방향으로 이동
- 보극이 없는 직류기는 브러시를 이동
- 국부적으로 섬락 발생 : 공극의 자속분포 불균형으로 섬락(불꽃) 발생
- 발전기의 유기기전력 감소

정답 ▶ ④

 필살기

직류발전기 전기자 반작용 : 회전방향으로 중성축 이동

89 한국전기설비규정에 의한 고압 가공전선로의 지지물로 철탑을 사용하는 경우 경간은 몇 [m] 이하로 제한하는가?

① 150
② 300
③ 500
④ 600

Explanation

(KEC 332.9조) 고압가공전선로의 경간
고압 가공전선로의 경간은 표에서 정한 값 이하이어야 한다.

지지물의 종류	표준경간
목주·A종 철주 또는 A종 철근 콘크리트주	150[m]
B종 철주 또는 B종 철근 콘크리트주	250[m]
철탑	600[m]

정답 ▶ ④

 필살기

철탑 경간 : 600[m]

---

90 전기기계의 효율 중 발전기의 규약 효율 η_G는 몇 [%]인가? 단, P는 입력, Q는 출력, L은 손실이다.

① $\eta_G = \dfrac{P-L}{P} \times 100[\%]$
② $\eta_G = \dfrac{P-L}{P+L} \times 100[\%]$
③ $\eta_G = \dfrac{Q}{P} \times 100[\%]$
④ $\eta_G = \dfrac{Q}{Q+L} \times 100[\%]$

Explanation

규약효율

- 발전기(출력을 기준) $\eta = \dfrac{출력}{입력} \times 100 = \dfrac{출력}{출력+손실} \times 100[\%]$
- 전동기(입력을 기준) $\eta = \dfrac{출력}{입력} \times 100 = \dfrac{입력-손실}{입력} \times 100[\%]$

따라서 발전기 규약효율 $\eta = \dfrac{출력}{출력+손실} \times 100 = \dfrac{Q}{Q+L} \times 100[\%]$

정답 ▶ ④

 필살기

발전기 규약효율 $\eta = \dfrac{출력}{출력+손실} \times 100[\%]$

---

91 직류 분권전동기의 기동방법 중 가장 적당한 것은?

① 기동 토크를 작게 한다.
② 계자 저항기의 저항값을 크게 한다.
③ 계자 저항기의 저항값을 0으로 한다.
④ 기동저항기를 전기자와 병렬 접속한다.

Explanation

직류전동기 기동 시
- 기동저항기 : 최대
- 계자저항기 : 최소(기동토크를 크게 하기 위하여 0으로 해 둔다)

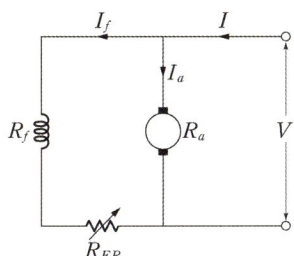

정답 ▶ ③

필살기

직류전동기 기동 : 계자저항기 0으로 한다.

92 다음 회로에서 10[Ω]에 걸리는 전압은 몇 [V]인가?

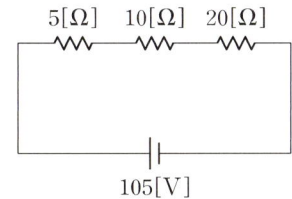

① 2
② 10
③ 20
④ 30

Explanation

직렬 회로에서 전류가 일정하므로 전압은 저항에 비례하여 분배

10[Ω]에 걸리는 전압 $V_{10} = \dfrac{10}{5+10+20} \times 105 = 30[V]$

정답 ▶ ④

필살기

직렬회로 전압분배 : 저항에 비례

93 정전용량(electrostatic capacity)의 단위를 나타낸 것으로 틀린 것은?

① $1[pF] = 10^{-12}[F]$
② $1[nF] = 10^{-7}[F]$
③ $1[\mu F] = 10^{-6}[F]$
④ $1[mF] = 10^{-3}[F]$

Explanation

정전용량의 단위
- $1[mF] = 10^{-3}[F]$
- $1[\mu F] = 10^{-6}[F]$

- $1[\text{nF}] = 10^{-9}[\text{F}]$
- $1[\text{pF}] = 10^{-12}[\text{F}]$

정답 ▶ ②

 필살기

$1[\text{nF}] = 10^{-9}[\text{F}]$

94 한국전기설비규정에 의한 금속관공사에서 금속관을 콘크리트에 매설할 경우 관의 두께는 몇 [mm] 이상의 것이어야 하는가?

① 0.8[mm]   ② 1.0[mm]
③ 1.2[mm]   ④ 1.5[mm]

Explanation

(KEC 232.12조) 금속관공사
관의 두께는 다음에 의할 것.
① 콘크리트에 매입하는 것은 1.2[㎜] 이상
② ① 이외의 것은 1[mm] 이상. 다만, 이음매가 없는 길이 4[m] 이하인 것을 건조하고 전개된 곳에 시설하는 경우에는 0.5[mm]까지로 감할 수 있다.

정답 ▶ ③

 필살기

금속관의 두께 : 1.2[mm] 이상(콘크리트 매입)

95 제벡 효과에 대한 설명으로 틀린 것은?

① 두 종류의 금속을 접속하여 폐회로를 만들고, 두 접속점에 온도의 차이를 주면 기전력이 발생하여 전류가 흐른다.
② 열기전력의 크기와 방향은 두 금속점의 온도차에 따라서 정해진다.
③ 열전쌍(열전대)은 두 종류의 금속을 조합한 장치이다.
④ 전자 냉동기, 전자 온풍기에 응용된다.

Explanation

- 제벡 효과(Seebeck Effect)(제베크 효과)
  두 종류의 금속을 접합하여 폐회로를 만들고 두 접합점 사이에 온도차가 발생되면 열기전력이 생겨서 전류가 흐르는 현상으로 두 종류의 금속을 열전대라 한다.
- 펠티에 효과(Peltier Effect)
  두 종류의 금속을 접합하여 폐회로를 만들고 두 접합점 사이에 전류를 흘리면 접합점에서 열이 흡수 또는 발생되는 현상으로 제벡의 역효과이며 전자냉동의 원리로 사용된다.
- 톰슨 효과(Thomson Effect)
  동일 금속을 접합하여 폐회로를 만들고 두 접합점에 전류를 흘리면 접합점에서 열이 흡수 또는 발생되는 현상이다.

정답 ▶ ④

> 필살기
>
> 펠티에 효과 : 전자냉동

96 플레밍(fleming)의 오른손 법칙에 따르는 기전력이 발생하는 기기는?
① 교류 발전기　　　　　　　　② 교류 전동기
③ 교류 정류기　　　　　　　　④ 교류 용접기

Explanation

플레밍의 오른손 법칙
- 자계 중에서 도체가 운동하면 기전력이 발생된다는 것
- 발전기의 원리
- 엄지 손가락 : 운동의 방향
  둘째 손가락 : 자장의 방향
  가운뎃 손가락 : 기전력의 방향
- 유기기전력 $e = (v \times B)l = vBl\sin\theta$ [V]

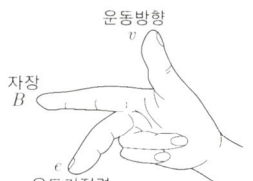

정답 ▶ ①

> 필살기
>
> 플레밍의 오른손 법칙 : 발전기의 원리

97 △결선 변압기의 한 대가 고장으로 제거되어 V결선으로 공급할 때 공급할 수 있는 전력은 고장 전 전력에 대하여 약 몇 [%]인가?
① 57.7[%]　　　　　　　　② 66.7[%]
③ 70.5[%]　　　　　　　　④ 86.6[%]

Explanation

V결선 : △-△결선에서 변압기 1대 고장 시 변압기 2대만으로 3상 전력의 공급이 가능
① 3상 출력 $P_V = \sqrt{3}\, V_p I_p = \sqrt{3}\, K$
　여기서, K : 변압기 1대 용량
② 이용률 $= \dfrac{\sqrt{3}\, K}{2K} \times 100 = 86.6[\%]$

　출력비 $= \dfrac{V결선의\ 출력}{\triangle결선의\ 출력} = \dfrac{\sqrt{3}\, K}{3K} \times 100 = 57.7[\%]$

정답 ▶ ①

> 필살기
>
> V결선 : 출력비(△결선에 비해) 57.7[%]
> 　　　이용률 : 86.6[%]

98 패러데이의 전자 유도 법칙에서 유도 기전력의 크기는 코일을 지나는 (㉠)의 매초 변화량과 코일의 (㉡)에 비례한다.

① ㉠ 자속 ㉡ 굵기
② ㉠ 자속 ㉡ 권수
③ ㉠ 전류 ㉡ 권수
④ ㉠ 전류 ㉡ 굵기

Explanation

패러데이의 전자유도법칙
유도 기전력의 크기는 폐회로에 쇄교하는 자속의 시간적 변화율에 비례한다.

$e = -N\dfrac{d\phi}{dt}$ (−는 방향을 나타냄)

정답 ▶ ②

패러데이의 전자유도법칙 : 권수에 비례, 자속의 변화에 비례

CHAPTER 04 최신 기출복원문제

01 전동기발전기의 돌발 단락전류를 주로 제한하는 것은?
① 동기 리액턴스
② 누설 리액턴스
③ 동기 임피던스
④ 권선 저항

Explanation

- 돌발단락전류 : 누설 리액턴스가 제한
- 지속단락전류 : 동기 리액턴스가 제한

정답 ▶ ②

02 전력변환기 중 제어 정류기의 용도는?
① 교류-교류 변환
② 교류-직류 변환
③ 직류-직류 변환
④ 직류-교류 변환

Explanation

- 인버터 : DC → AC(직류를 교류로 변환)
- 컨버터(정류기) : AC → DC
- 사이클로 컨버터 : AC → AC
- 초퍼 : DC → DC

정답 ▶ ②

03 부흐홀츠 계전기의 설치 위치로 옳은 것은?
① 변압기 주탱크 내부
② 변압기의 고압측 부싱
③ 변압기 주탱크와 콘서베이터 사이
④ 콘서베이터 내부

Explanation

부흐홀츠 계전기 : 변압기 내부 고장 검출
기름의 유증기 가스(수소) 또는 오일의 흐름을 감지하여 일정한 값 이상의 급격한 흐름이 있을 때 차단기를 트립
설치위치 : 주탱크와 콘서베이터와의 파이프 도중

정답 ▶ ③

04 교류 배전반에서 전류가 많이 흘러 전류계를 직접 주회로에 연결할 수 없을 때 쓰이는 기기는?
① 전류 제한기
② 전류계용 절환 개폐기
③ 계기용 변압기
④ 계기용 변류기

Explanation

변류기(CT : Current Transformer)
- 대전류를 소전류로 변성
- 배전반의 전류계, 전력계, 역률계, 보호 계전기 및 차단기 트립 코일의 전원으로 사용

정답 ▶ ④

05 3상 동기기에 제동권선을 설치하는 목적으로 가장 적합한 것은?

① 출력증가 및 난조방지
② 기동작용 및 효율증가
③ 기동작용 및 난조방지
④ 출력증가 및 효율증가

Explanation

동기기 제동권선
- 난조 방지
- 기동토크 발생(동기전동기에만 해당)

정답 ▶ ③

06 경질 비닐전선관의 설명으로 틀린 것은?

① 금속관에 비해 절연성이 우수하다.
② 금속관에 비해 내식성이 우수하다.
③ 굵기는 관 안지름의 크기에 가까운 짝수 mm로 나타낸다.
④ 1본의 길이는 3.6m가 표준이다.

Explanation

경질 비닐 전선관 1본의 길이는 4[m]가 표준이고, 굵기는 관 안지름의 크기에 가까운 짝수의 [mm]로 나타낸다.

정답 ▶ ④

07 1[eV]는 몇 [J]인가?

① 1.602×10^{-19}
② 1
③ 1×10^{-10}
④ 1.16×10^{4}

Explanation

1[eV]
$W = QV = eV = 1.602 \times 10^{-19}[CV] = 1.602 \times 10^{-19}[J]$
여기서, 전자의 전하량 $e = 1.602 \times 10^{-19}[C]$

정답 ▶ ①

08 변압기유의 구비조건으로 틀린 것은?

① 응고점이 높을 것
② 인화점이 높을 것
③ 절연내력이 클 것
④ 점도가 낮을 것

Explanation

절연유(변압기유)의 구비조건
- 절연내력이 클 것
- 비열이 크고, 점도가 낮고, 냉각효과가 클 것
- 인화점은 높고, 응고점은 낮을 것
- 고온에서 산화하지 않고, 석출물이 생기지 않을 것

정답 ▶ ①

09 100[V]의 전원으로 백열등 100[W] 5개, 60[W] 4개, 20[W] 3개와 1[kW]의 전열기 1대를 동시에 사용했을 때의 전 전류[A]는?

① 10
② 15
③ 18
④ 20

> **Explanation**

소비전력 $P = VI$[W]에서 전류 $I = \dfrac{P}{V}$ 이므로

전체전류
$I = \dfrac{P}{V} = \dfrac{100 \times 5}{100} + \dfrac{60 \times 4}{100} + \dfrac{20 \times 3}{100} + \dfrac{1{,}000}{100} = 18\,[\text{A}]$

정답 ▶ ③

10 금속관 내에 교류회로 전선을 병렬로 사용하는 방법으로 옳은 것은?

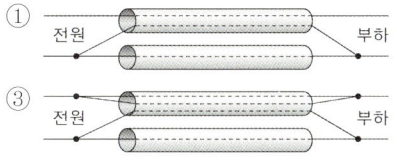

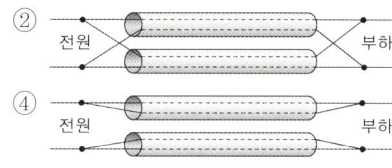

> **Explanation**

전자적 불평형 방지를 위해 금속관 내에 교류왕복 전선을 모두 넣어야 한다.

정답 ▶ ③

11 가연성 가스 또는 인화성 물질의 증기가 누출되거나 체류하여 전기설비가 발화원이 되어 폭발할 우려가 있는 곳에 있는 저압 옥내 전기설비의 공사방법으로 가장 적합한 것은?

① 금속관 공사
② 애자 공사
③ 셀룰러덕트 공사
④ 가요전선관 공사

> **Explanation**

가연성 가스 등의 위험장소
- 가연성 가스 또는 인화성 물질의 증기가 새거나 체류하여 전기설비가 발화원이 되어 폭발할 우려가 있는 곳
- 금속관공사, 케이블공사

정답 ▶ ①

12 묽은 황산(H_2SO_4) 용액에 구리(Cu)와 아연(Zn)판을 넣으면 전지가 된다. 이때 양극(+)에 대한 설명으로 옳은 것은?

① 아연판이며 산소 기체가 발생한다.
② 아연판이며 수소 기체가 발생한다.
③ 구리판이며 산소 기체가 발생한다.
④ 구리판이며 수소 기체가 발생한다.

> **Explanation**

볼타전지
- 양극 : 구리전극
- 음극 : 아연전극
- 수용액 : 묽은황산($H_2SO_4 \rightarrow 2H + SO_4$)

정답 ▶ ④

13 유도전동기가 동기속도로 회전하면 슬립은?

① 0
② 1
③ 3
④ 4

> **Explanation**

슬립 $s = \dfrac{N_s - N}{N_s}$

여기서, 전동기속도=동기속도이므로 $N_s = N$

슬립 $s = 0$

정답 ▶ ①

14 무부하 분권발전기의 계자회로 저항이 50[Ω], 계자전류가 2[A], 전기자저항이 5[Ω]이라 하면 유도기전력은 몇 [V]인가?

① 100
② 110
③ 120
④ 130

Explanation

직류 분권발전기

$I_a = I + I_f = \dfrac{P}{V} + \dfrac{V}{R_f} = 0 + 2 = 2[A]$

(여기서, 무부하 즉, 부하전류는 0으로 계산)

계자전류 $I_f = \dfrac{V}{R_f}$ 에서

단자전압 $V = I_f R_f = 2 \times 50 = 100[V]$

유기기전력 $E = V + I_a R_a = 100 + 2 \times 5 = 110[V]$

정답 ▶ ②

15 어떤 코일에 50[Hz], 100[V]의 교류전압을 가했을 때 4[A]의 뒤진 전류가 흘렀다. 이 회로에 15[Ω]의 용량성 리액턴스를 직렬로 연결하니 4[A]의 앞선 전류가 흘렀다. 이 코일의 저항(R)과 리액턴스(X_L)는 약 몇 [Ω]인가?

① $R = 15.2$, $X_L = 25.2$
② $R = 4.3$, $X_L = 3.1$
③ $R = 43.2$, $X_L = 0.13$
④ $R = 23.8$, $X_L = 7.5$

Explanation

임피던스 $Z = \dfrac{V}{I} = \dfrac{100}{4} = 25[\Omega]$

$25 = \sqrt{R^2 + X^2}$, $25 = \sqrt{R^2 + (15 - X_L)^2}$ [Ω]

$R^2 + X_L^2 = R^2 + (15 - X_L)^2$

양변의 R^2을 제거하면 $X_L^2 = (15 - X_L)^2 = 15^2 - 30 X_L = 0$, $X_L = \dfrac{225}{30} = 7.5[\Omega]$

$25 = \sqrt{R^2 + X_L^2}$ 에서 $R^2 + X_L^2 = 25^2$ 에서 $X_L = 7.5[\Omega]$이므로

저항 $R = \sqrt{25^2 - 7.5^2} = 23.8[\Omega]$

정답 ▶ ④

16 전선과 기구단자와의 접속방법을 설명한 것으로 틀린 것은?

① 전선을 1가닥밖에 접속할 수 없는 구조의 단자에는 보조기구를 사용해서라도 접속을 시도하여야 한다.
② 기구의 용량이 전선의 허용전류보다도 적어 부득이 연선의 소선수를 감소하여야 할 경우는 기구의 용량 이하로 감소하지 않도록 한다.

③ 진동 등으로 인하여 접속이 헐거워질 우려가 있으면 2중 너트, 스프링 와셔 등을 사용하여 헐거워지지 않도록 한다.
④ 접속점에 장력이 가해지지 않도록 한다.

Explanation

전선과 기구단자 접속
전선을 나사로 고정할 경우에 나사가 진동 등으로 헐거워질 우려가 있는 장소는 2중 너트, 스프링와셔 및 나사풀림 방지기구가 있는 것을 사용할 것.
- 전선을 1가닥만 접속할 수 있는 구조의 단자는 2가닥 이상의 전선을 접속하지 말 것.
- 터미널러그는(압착형 등은 제외한다) 납땜으로 전선을 부착할 것.
- 접속점에 장력이 걸리지 않도록 시설할 것.
- 누름나사형 단자 등에 전선을 접속하는 경우는 전선을 정해진 위치까지 확실하게 삽입할 것.

정답 ▶ ①

17 물질의 전기저항을 결정하는 요인으로서 전기저항에 영향을 미치는 요소가 아닌 것은?
① 물질의 종류
② 물질의 모양
③ 물질의 길이
④ 물질의 단면적

Explanation

전기저항 $R = \rho \dfrac{l}{A} [\Omega]$

여기서, ρ : 저항률(물질의 종류)
A : 물질의 단면적
l : 물질의 길이

정답 ▶ ②

18 정격전압에서 1[kW]의 전기를 소비하는 저항에 정격의 90[%] 전압을 가했을 때, 이 저항에서 소비되는 전력[W]은?
① 630
② 780
③ 810
④ 900

Explanation

정격이 주어지는 경우 소비전력 $P = \dfrac{V^2}{R} = 1,00[W]$

여기서, 정격전압의 90[%]를 가하면
$P = \dfrac{(0.9V)^2}{R} = 0.81 \times \dfrac{V^2}{R} = 0.81 \times 600 = 810 \, [W]$

정답 ▶ ③

19 1[W · s]와 같은 것은?
① 1[J]
② 860[kWh]
③ 1[kcal]
④ 1[kg · m]

Explanation

전력량 $W = Pt$ [W · sec]=[J]
- 소비되는 전력에 사용하는 시간을 곱한 값
- 열량 환산 1[J]=0.24[cal]

정답 ▶ ①

20 투자율(μ)의 단위로 옳은 것은?
① [H/m]
② [V/m]
③ [F/m]
④ [A/m]

Explanation

- 투자율 : μ[H/m]
- 유전율 : ϵ[F/m]
- 자계 : H[A/m]
- 전계 : E[V/m]

정답 ▶ ①

21 보호 계전기의 종류가 아닌 것은?
① 과전압 계전기
② 과저항 계전기
③ 과전류 계전기
④ 지락 계전기

Explanation

- 과전류 계전기 : 일정값 이상의 전류가 흐를 때 동작
- 과전압 계전기 : 일정값 이상의 전압가 걸릴 때 동작
- 지락 계전기 : 지락 사고 시 동작

여기서, 과저항 계전기는 없다.

정답 ▶ ②

22 어떤 전장에 1[C]의 전하를 놓으면 100[N]의 힘이 작용한다고 한다. 전장의 세기는 몇 [V/m]인가?
① 10
② 50
③ 100
④ 150

Explanation

정전계에서의 힘 $F = QE$[N]

전계의 세기 $E = \dfrac{F}{Q} = \dfrac{100}{1} = 100$[V/m]

정답 ▶ ③

23 접지공사의 목적으로 틀린 것은?
① 이상전압의 억제
② 전로의 대지전압의 저하
③ 전기 공사비의 절감
④ 보호장치의 확실한 동작 확보

Explanation

전로의 중성점의 접지 목적

전로의 보호 장치의 확실한 동작의 확보, 이상 전압의 억제 및 대지 전압의 저하를 위하여 특히 필요한 경우에 전로의 중성점에 접지한다.

정답 ▶ ③

24 한국전기설비규정에서 정하는 도로를 횡단하는 경우 저압 및 고압 가공전선의 높이는 지표상 몇 [m] 이상으로 하는가?
① 4
② 5
③ 6
④ 3.5

> **Explanation**

저압 및 고압 가공전선의 높이
- 도로 횡단의 경우 : 지표상 6[m] 이상
- 철도 횡단의 경우 : 레일면상 6.5[m] 이상
- 기타의 장소 : 지표상 5[m] 이상

정답 ▶ ③

25 3상 유도전동기의 정격전압을 V_n[V], 출력을 P[kW], 1차 전류를 I_1[A], 역률을 $\cos\theta$ 라 하면 효율을 나타내는 식은?

① $\dfrac{3V_n I_1 \cos\theta}{P \times 10^3} \times 100\,[\%]$
② $\dfrac{P \times 10^3}{3V_n I_1 \cos\theta} \times 100\,[\%]$
③ $\dfrac{\sqrt{3}\, V_n I_1 \cos\theta}{P \times 10^3} \times 100\,[\%]$
④ $\dfrac{P \times 10^3}{\sqrt{3}\, V_n I_1 \cos\theta} \times 100\,[\%]$

> **Explanation**

3상 유도전동기의 효율 $\eta = \dfrac{출력}{입력} \times 100\,[\%]$

따라서 $\eta = \dfrac{P \times 10^3}{\sqrt{3}\, V_n I_1 \cos\theta} \times 100\,[\%]$

정답 ▶ ④

26 비유전율이 큰 산화티탄 등을 유전체로 사용한 것으로 극성이 없으며 가격에 비해 성능이 우수하여 널리 사용되고 있는 콘덴서의 종류는?

① 전해 콘덴서
② 세라믹 콘덴서
③ 마일러 콘덴서
④ 마이카 콘덴서

> **Explanation**

- 전해 콘덴서 : 전원부 평활용이나 필터용으로 사용되며, 극성이 있다.
- 세라믹 콘덴서 : 가격에 비해 성능우수, 산화티탄유전체 사용. 극성은 없다.
- 마이카 콘덴서 : 내압, 내열 및 용량 변화가 적고 안정적이다. 극성은 없다.
- 마일러 콘덴서 : 전원회로나 바이패스, 저가 앰프의커플링으로 사용된다. 극성은 없다.

정답 ▶ ②

27 직류를 교류로 변환하는 기기는?

① 변류기
② 초퍼
③ 인버터
④ 정류기

> **Explanation**

- 인버터 : DC → AC(직류를 교류로 변환)
- 컨버터 : AC → DC
- 사이클로 컨버터 : AC → AC
- 초퍼 : DC → DC

정답 ▶ ③

28. 활선 상태에서 전선의 피복을 벗기는 공구는?

① 전선 피박기
② 케이블 커터
③ 피시 테이프
④ 와이어 통

Explanation

- 전선 피박기 : 활선 상태에서 전선의 피복을 벗기는 공구

정답 ▶ ①

29. 동기 임피던스 5[Ω]인 2대의 3상 동기발전기의 유도기전력에 100[V]의 전압 차이가 있다면 무효순환전류[A]는?

① 10
② 15
③ 20
④ 25

Explanation

동기발전기 병렬운전 시 기전력의 크기가 같지 않으면 무효순환전류가 흐르게 된다.

무효순환전류 $= I_c = \dfrac{E_s}{2Z_s} = \dfrac{100}{2 \times 5} = 10[A]$

정답 ▶ ①

30. 고압전동기 철심의 강판 홈(slot)의 모양은?

① 개방형
② 반폐형
③ 밀폐형
④ 반구형

Explanation

전동기에서 슬롯(홈, slot)
- 저압용 : 반폐형
- 고압용 : 개방형

정답 ▶ ①

31. 변압기의 효율이 가장 좋을 때의 조건은?

① 동손 = 2 × 철손
② 동손 = $\dfrac{1}{2}$ × 철손
③ 철손 = $\dfrac{1}{4}$ × 동손
④ 동손 = 철손

Explanation

변압기 최대 효율 조건 : 철손 = 동손

정답 ▶ ④

32. 대전에 의해 물체가 띠고 있는 전기를 무엇이라 부르는가?

① 전리
② 전하
③ 자화
④ 기전력

Explanation

전하 : 대전에 의해서 물체가 띠고 있는 전기, 단위[C]

정답 ▶ ②

33 수변전설비의 인입구 개폐기로 많이 사용되고 있으며 전력 회로의 용단 시 결상을 방지하는 목적으로 사용되는 개폐기는?
① 부하 개폐기
② 자동 고장 구분 개폐기
③ 선로 개폐기
④ 기중 부하 개폐기

Explanation

부하개폐기 : LBS(Load Breaker Switch)
수변전 설비의 인입구 개폐기로 사용되며, 부하전류를 개폐할 수 있으나(정상 상태에서 소정의 전류를 투입, 차단, 통전하고 그 전로의 단락상태에서 이상전류까지 투입 가능), 고장전류를 차단할 수 없으므로 한류퓨즈와 직렬로 사용하고 전력퓨즈의 용단시 결상을 방지한다.

정답 ▶ ①

34 변압기의 단락보호용 계전기는?
① 온도 계전기
② 평형 계전기
③ 역전류 계전기
④ 비율차동 계전기

Explanation

비율차동 계전기(차동 계전기)
• 양측 단자에 흐르는 전류의 차가 어떤 비율 이상인경우 동작
• 변압기(발전기) 내부고장(단락) 보호

정답 ▶ ④

35 $R_1[\Omega]$, $R_2[\Omega]$의 저항이 병렬로 접속된 회로에 전체 전류 I[A]가 흐를 때 R_2에 흐르는 전류는 몇 [A]인가?

① $\dfrac{R_1 \times R_2}{R_1}I$
② $\dfrac{R_1 \times R_2}{R_2}I$
③ $\dfrac{R_1}{R_1+R_2}I$
④ $\dfrac{R_2}{R_1+R_2}I$

Explanation

저항 병렬연결 : 전류는 저항에 반비례하여 분배

R_1에 흐르는 전류 $I_1 = \dfrac{R_2}{R_1+R_2}I$[A]

R_2에 흐르는 전류 $I_2 = \dfrac{R_1}{R_1+R_2}I$[A]

정답 ▶ ③

36 코일에서 발생되는 유도 기전력의 크기를 설명한 것으로 가장 옳은 것은?
① 코일을 지나는 자속에 반비례하고 권수에 비례한다.
② 코일을 지나는 자속에 반비례한다.
③ 코일을 지나는 자속의 매초 변화량에 비례하고 권수에 반비례한다.
④ 코일을 지나는 자속의 매초 변화량과 코일의 권수에 비례한다.

Explanation

패러데이의 전자유도법칙
유도 기전력의 크기는 **권수에 비례**하고 폐회로에 쇄교하는 **자속의 시간적 변화율에 비례**

$e = -N\dfrac{d\phi}{dt}$ (−는 방향을 나타냄, 렌츠의 법칙)

정답 ▶ ④

37 회로에서 전류 I는 몇 [A]인가?

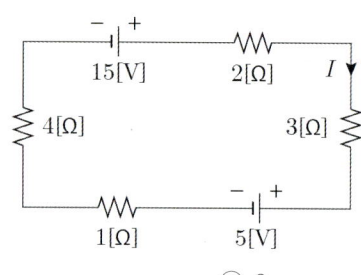

① 1
② 2
③ 3
④ 4

Explanation

회로의 전원이 반대방향으로 연결되므로
$V = 15 - 5 = 10[V]$

따라서 회로의 전류 $I = \dfrac{V}{R} = \dfrac{10}{1+2+3+4} = 1[A]$

정답 ▶ ①

38 자기 인덕턴스가 0.2[H]인 코일에 5[A]의 전류가 흘렀을 때, 이 코일에 축적된 에너지[J]는?

① 0.2
② 2.5
③ 5
④ 10

Explanation

인덕턴스(코일)에 축적되는 에너지 $W = \dfrac{1}{2}LI^2 [J]$

따라서 $W = \dfrac{1}{2}LI^2 = \dfrac{1 \times 0.2 \times 5^2}{2} = 2.5[J]$

정답 ▶ ②

39 3상 유도전동기의 종류로 옳은 것은?

① 세이딩 코일형
② 콘덴서 기동형
③ 권선형
④ 분상 기동형

Explanation

3상 유도전동기에는 농형과 권선형이 있다.

정답 ▶ ③

40 그림과 같이 전원과 부하가 △결선된 3상 평형회로가 있다. 전원의 상전압이 $V_{ab} = 200[V]$이고, 부하의 임피던스가 $Z = 6 + j8[\Omega]$인 경우 선전류(I_a)의 크기는 몇 [A]인가?

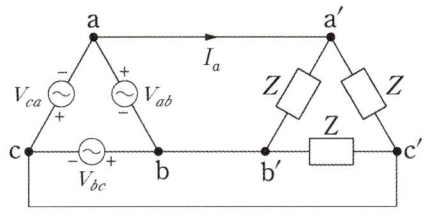

① 10
② 20
③ $10\sqrt{3}$
④ $20\sqrt{3}$

Explanation

△결선의 특징
- 선간전압(V_l) = (V_p) 상전압
- 선전류(I_l) = $\sqrt{3}(I_p)$ 상전류

임피던스 $Z = \sqrt{6^2 + 8^2} = 10[\Omega]$,

상전류 $I_p = \dfrac{V_P}{Z} = \dfrac{200}{10} = 20[A]$

따라서 △결선의 선전류 $I_l = \sqrt{3}\,I_p = 20\sqrt{3}\,[A]$

정답 ▶ ④

41 한국전기설비규정에 따라 전시회 및 공연장 등의 장소에서 비상 조명을 제외한 조명용 분기회로 및 정격 32[A] 이하의 콘센트용 분기회로를 누전차단기로 보호하고자 할 때 누전차단기의 정격 감도 전류는 몇 [mA] 이하이어야 하는가?

① 10
② 20
③ 30
④ 40

Explanation

전시회, 쇼 및 공연장의 전기설비
비상 조명을 제외한 조명용 분기회로 및 정격 32[A] 이하의 콘센트용 분기회로는 정격 감도 전류 30[mA] 이하의 누전차단기로 보호하여야 한다.

정답 ▶ ③

42 2[H]의 자기 인덕턴스를 가지는 코일에서 전류가 0.1초 사이에 1[A]만큼 변했을 때 이 코일에서 발생하는 유도 기전력은 몇 [V]인가?

① 0.2
② 2
③ 20
④ 200

Explanation

인덕턴스에서의 유도 기전력 $e = -L\dfrac{di}{dt}$ [V]

$e = -L\dfrac{di}{dt} = -2 \times \dfrac{1}{0.1} = -20$ [V] (여기서, (−)는 방향)

정답 ▶ ③

43. 저압 옥내배선 공사 시 전선의 굵기를 결정하는 요소가 아닌 것은?

① 허용전류
② 전압강하
③ 전선색깔
④ 기계적 강도

Explanation

켈빈의 법칙(경제적인 전선의 굵기를 결정)
허용 전류, 전압 강하, 기계적 강도

정답 ▶ ③

44. 자속의 변화에 의해 발생된 유도기전력의 방향을 결정하는 법칙은?

① 줄의 법칙
② 렌츠의 법칙
③ 앙페르의 법칙
④ 패러데이의 법칙

Explanation

렌츠의 법칙
"전자유도에 의하여 생긴 기전력의 방향은 그 유도전류가 만드는 자속이 항상 원래의 자속의 증가 또는 감소를 방해하는 방향이다." 즉, 기전력의 방향을 결정한다.

정답 ▶ ②

45. 타기 쉬운 위험한 물질을 제조하거나 저장하는 장소에서의 저압 옥내전기설비 공사방법이 아닌 것은?

① 두께 2[mm] 이상의 합성수지관 공사(절연성이 없는 콤바인 덕트관 제외)
② 케이블 공사
③ 애자 공사
④ 금속관 공사

Explanation

셀룰로이드 · 성냥 · 석유류 기타 타기 쉬운 위험한 물질
금속관 공사, 케이블 공사, 합성수지관 공사

정답 ▶ ③

46. 커패시터만의 교류회로에서 전압과 전류의 위상관계를 나타낸 것으로 옳은 것은?

① 전류가 90° 앞선다.
② 전류가 90° 뒤진다.
③ 전류가 30° 앞선다.
④ 전류가 30° 뒤진다.

Explanation

• 커패시터(C) : 전류가 90° 앞선다.
• 인덕턴스(L) : 전류가 90° 뒤진다.

정답 ▶ ①

47. 전선과 기구단자 접속 시 나사를 덜 죄었을 경우 발생할 수 있는 위험과 거리가 먼 것은?

① 누전
② 화재
③ 과열
④ 저항 감소

Explanation

접속 불량 시 발생되는 것 : 화재, 과열, 전파 잡음

정답 ▶ ④

48 한국전기설비규정에 따라 과전류차단기로 저압전로에 사용하는 범용의 퓨즈(gG)는 정격전류의 몇 배의 전류에서 용단되어야 하는가?(단, 정격전류가 4[A] 이하인 경우이다)

① 1.1
② 1.25
③ 1.6
④ 2.1

Explanation

과전류 차단기로 저압 전로에 사용하는 퓨즈(gG)

정격 전류의 구분	시간	정격전류의 배수	
		부동작 전류	동작 전류
4[A] 이하	60분	1.5배	2.1배
4[A] 초과 16[A] 미만	60분	1.5배	1.9배
16[A] 이상 63[A] 이하	60분	1.25배	1.6배

정답 ▶ ④

49 그림은 4극 직류발전기의 자기 회로를 보인 것이다. 자기 저항이 가장 큰 부분은?

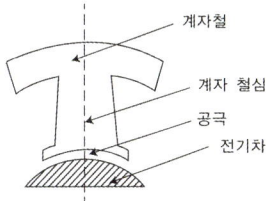

① 공극
② 계자 철심
③ 계철
④ 자극편

Explanation

자기저항 $R_m = \dfrac{l}{\mu A}$ [AT/Wb]

계자철, 계자 철심, 전기자 도체
강자성체($\mu_s \gg 1$)를 사용하므로 자기 저항이
아주 작고 공극 : $\mu_s = 1$이므로 자기저항이 가장 크다.

정답 ▶ ①

50 변압기를 병렬운전하기 위한 조건으로 틀린 것은?

① 중량이 같을 것
② 권수비가 같을 것
③ 극성이 같을 것
④ 정격전압이 같을 것

Explanation

변압기 병렬 운전 조건
• 극성, 권수비, 1,2차 정격전압이 같을 것
• %임피던스 강하가 같을 것
• 내부저항과 리액턴스의 비가 같을 것

정답 ▶ ①

51 동기전동기를 자기동법으로 기동시킬 때 계자권선은 저항을 통하여 어떻게 하여야 하는가?

① 단락시킨다.
② 개방시킨다.
③ 직류를 공급한다.
④ 단상교류를 공급한다.

> **Explanation**
>
> 동기전동기 자기기동법
> 회전 자극 표면에 기동 권선을 설치하여 기동 시에는 농형 유도 전동기로 동작시켜 기동시키는 방식
> 문제점 : 기동 시 계자 권선을 열어 둔 채로 전기자에 전원을 가하면 권선수가 많은 계자 회로가 전기자 회전 자계를 끊고 높은 전압을 유기하여 계자 회로가 소손될 염려가 있으므로 **반드시 계자 회로는 저항을 통해 단락**시켜 놓고 기동시켜야 한다.
>
> 정답 ▶ ①

52 직류전동기에 있어 무부하일 때의 회전수 n_0은 1,200[rpm], 정격부하일 때의 회전수 n_n은 1,150[rpm]이라 한다. 속도변동률은 약 몇 [%]인가?

① 4.10　　　　　　　　　　　　② 4.15
③ 4.35　　　　　　　　　　　　④ 4.55

> **Explanation**
>
> 속도변동률 $\epsilon = \dfrac{N_0 - N_n}{N_n} \times 100[\%]$
>
> 여기서, N_o : 무부하속도, N_n : 정격속도
>
> 속도변동률 $\epsilon = \dfrac{1,200 - 1,150}{1,200} \times 100 \fallingdotseq 4.15[\%]$
>
> 정답 ▶ ②

53 한국전기설비규정에 따라 고압 및 특고압의 전로 중 가공전선로의 지중전선로가 접속되는 곳에 피뢰기를 시설하는 경우 피뢰기 접지저항은 몇 [Ω] 이하이어야 하는가?

① 10　　　　　　　　　　　　　② 30
③ 75　　　　　　　　　　　　　④ 100

> **Explanation**
>
> 고압 및 특고압의 전로에 시설하는 피뢰기의 **접지 저항값은 10[Ω] 이하**이어야 한다.
>
> 정답 ▶ ①

54 발전기·전동기·조상기, 기타 회전기(회전변류기는 제외)의 최대사용전압이 7,000[V] 이하일 때 절연내력시험전압은?

① 최대 사용 전압의 1배의 전압　　　② 최대 사용 전압의 1.25배의 전압
③ 최대 사용 전압의 1.5배의 전압　　④ 최대 사용 전압의 1.75배의 전압

> **Explanation**
>
> 발전기·전동기·조상기, 기타 회전기(회전변류기는 제외)의 절연내력시험전압
> 최대사용전압이 7,000[V] 이하일 때 1.5배
>
> 정답 ▶ ③

55 저압 이웃 연결 입인선 시설에서 제한 사항이 아닌 것은?

① 지름 2.6[mm] 이상의 인입용 비닐절연전선을 사용하지 말 것
② 폭 5[m]를 초과하는 도로를 횡단하지 말 것
③ 옥내를 통과하지 말 것
④ 인입선의 분기점으로부터 100[m]를 초과하는 지역에 미치지 아니할 것

> **Explanation**

저압 이웃 연결 인입선의 시설
- 인입선에서 분기하는 점으로부터 100[m]를 초과하는지역에 미치지 아니할 것
- 폭 5[m]를 초과하는 도로를 횡단하지 아니할 것
- 옥내를 통과하지 아니할 것

정답 ▶ ①

56. 전선관 가공 작업 시 작업내용에 따른 사용공구가 아닌 것은?
① PVC 전선관의 굽힘 작업은 토치램프를 사용한다.
② 전선관을 절단 후에는 단구에 리머 작업을 실시한다.
③ 금속관의 굽힘 작업은 파이프 벤더를 사용한다.
④ 금속관의 나사 내는 공구는 노크아웃 펀치를 사용한다.

> **Explanation**

오스터 : 금속관 끝에 나사를 내는 공구

정답 ▶ ④

57. 직류전동기의 속도제어 방법이 아닌 것은?
① 저항 제어법
② 전압 제어법
③ 계자 제어법
④ 위상 제어법

> **Explanation**

직류전동기 속도제어

종류	특징
전압 제어	• 광범위 속도 제어, 운전효율 우수 • 워드 레오너드 방식 : 소형 부하(엘리베이터에 사용) • 일그너 방식(부하가 급변, 대용량 부하-제철, 제강, 압연) : 플라이 휠 효과(관성 모멘트 증가) • 정토크 제어
계자 제어	• 세밀하고 안정된 속도 제어 • 정출력 제어
저항 제어	• 속도 조정 범위 좁다. • 효율이 저하

정답 ▶ ④

58. DV 전선의 명칭으로 옳은 것은?
① 옥외용 비닐절연전선
② 인입용 비닐절연전선
③ 600[V] 내열 비닐절연전선
④ 600[V] 비닐절연전선

> **Explanation**

- 인입용 비닐 절연전선 : DV
- 옥외용 비닐 절연전선 : OW

정답 ▶ ②

59 다음 중 반자성체는?

① 안티몬
② 니켈
③ 코발트
④ 알루미늄

Explanation

- 강자성체 : 철, 니켈, 코발트
- 상자성체 : 공기, 알루미늄, 백금
- 반(역)자성체 : 안티몬, 창연, 구리, 금, 은

정답 ▶ ①

60 $R=3[\Omega]$, $\omega L=8[\Omega]$, $\dfrac{1}{\omega C}=4[\Omega]$의 $R-L-C$ 직렬회로가 있다. 이 회로의 임피던스의 크기는 몇 $[\Omega]$인가?

① 5
② 8
③ 12
④ 15

Explanation

$R-L-C$ 직렬회로에서 임피던스

$$Z = R + j\left(\omega L - \frac{1}{\omega C}\right) = R + j(X_L - X_c)$$
$$= \sqrt{R^2 + (X_L - X_c)^2}\,[\Omega]$$
$$= \sqrt{3^2 + (8-4)^2} = 5[\Omega]$$

정답 ▶ ①

MEMO

전기기능사 필기
기초 전기 이론
무료 동영상 제공!

김상훈은 합격이다!

전기기능사 공부가 처음이세요?
본격적인 학습에 들어가기 전에
생기초 이론 무료 동영상 강의를
먼저 들어보시는 것을 추천합니다.

핸드폰 카메라로 우측의
QR 코드를 찍으시면 관련
강의 리스트로 이동합니다.